Mein Welpe

Christiane Blenski

KOSMOS

Mein Welpe

Mein Angebot: Werden wir Verbündete!

Ist es Ihr erster Hund? Mein Jaden war mein erster Welpe und ich wünschte, ich hätte damals einen Ratgeber gehabt, der wirklich für mich da ist. Denn auf dem Weg vom Welpenbesitzer zum Hundemenschen braucht man Unterstützung. Egal, wie gut Sie jetzt schon glauben, vorbereitet zu sein: Es wird anders. Und Sie werden oft unsicher sein, ob Sie es tatsächlich richtig machen. Ich sage Ihnen: Mit diesem Ratgeber biete ich Ihnen Rat, Wissen und Unterstützung. Dabei orientiere ich mich nicht nur an meinen eigenen, mir noch immer sehr präsenten Erfahrungen. Ich bin mit vielen Hundeleuten in Kontakt und viele Leser sprechen mich an. Dadurch weiß ich gut, was Sie jetzt bewegt und bleibe über 125 Seiten und zwölf Monate gern Ihre Verbündete in Sachen Welpe.

Welpen – offen für Neues!

Ich bin so neidisch. Was für eine wunderbare Zeit haben Sie jetzt gerade vor sich.
Auch wenn es anstrengend sein kann, empfehle ich Ihnen aus Erfahrung: Genießen Sie jede Minute! Lassen Sie Ihren Welpen wirklich Ihr Herz erobern (und das Ihrer ganzen Umgebung!).
Die Kindheit eines Hundes ist kurz. Mit einem Jahr – bei wenigen Rassen mit anderthalb Jahren – ist er ausgewachsen. Auch wenn Hunde die Tierart auf der Welt sind, die von der Geburt bis zur Erwachsenengröße den größten körperlichen Sprung macht, ist Ihr Hund nur für kurze Zeit so knuddelig-klein und ab dann für ein Jahrzehnt stets ausgeschlafen genug für Spiele, Unternehmungen, Spaziergänge und Radtouren, für Hundesport, Clickertraining, Dogdance, Nasenspiele, Nachmittage am See, Tage am Meer, gemeinsame Urlaube und ausgefuchst genug für viele Dummheiten.

Bereits nach einem Jahr merken Sie genau, ob Sie die kindliche Offenheit Ihres Hundes und die unglaubliche Intensität der ersten Monate richtig genutzt haben – um Vertrauen aufzubauen und ein Gefühl für den anderen zu entwickeln. Schließlich: Ihr Welpe muss sich auch erst an Sie und Ihr Leben gewöhnen.
Zum Glück lernen Hunde ein Leben lang, und Sie können seine Erziehung zu jedem Zeitpunkt verbessern oder neu starten. Es gilt also nicht: „Was Hänschen nicht lernt, lernt Hans nimmermehr." Trotzdem erleichtern Sie sich jeden Tag, wenn Sie bei der Erziehung, der Pflege und im alltäglichen Umgang schon jetzt so viel wie möglich richtig machen.

Gewusst wie – und warum!

Mir hilft es immer, wenn ich verstehe, warum ich etwas so oder so machen soll. Und meine Wissbegierde hat dazu geführt, dass ich gesammeltes Wissen weitergeben kann – plus eine große Portion Motivation, damit Sie mit Ihrem Welpen durchdacht, fröhlich und entspannt in ein glückliches Hundeleben starten können. Ein Leben, in dem der gemeinsame Spaß bitte an erster Stelle steht. Vom ersten Tag bis zum lustigen Spiel finden Sie hier Tipps, Ideen und am Ende jedes Kapitels kurzgefasste Checklisten. Nutzen Sie, was Ihnen weiterhilft!

Ihre Verbündeten

Christiane Blenski & „Exwelpe" Jaden

Was tun, bevor der Welpe kommt?

Ihre beste Entscheidung!

Es ist genau die richtige Entscheidung, einen Welpen zu sich zu nehmen. Mit einem Hund, den Sie von Anfang an kennen, werden Sie eng zusammenwachsen und lange zusammenleben. Doch „Welpe ja oder nein“ ist nicht die einzige Frage, die Sie sich stellen müssen. Es kommen noch viele danach, gerade wenn Sie in einer Partnerschaft oder Wohngemeinschaft leben, mit Kindern oder anderen Tieren. Dazu kommen die Faktoren: Arbeitszeit, Platz und Umgebung.

In die Zukunft sehen!

Ich versichere Ihnen, in nahezu jede Situation passt ein Hund. Nur lassen Sie sich nicht von unwiderstehlichen tapsigen Welpen in Versuchung führen, jedes Verstandesargument sausen zu lassen. Wonach Sie entscheiden müssen ist, welcher ausgewachsene (!) Hund zu Ihnen passt. Und: Tiere sind keine Spontankäufe. Sie sind für Jahre ganz enge Lebensbegleiter. Denken Sie vor

1 Wunderbar kuschelig:
Dieser Eurasier-Welpe fordert in den nächsten 15 Jahren viel Fellpflege. Und Sie benötigen einen guten Staubsauger. Ahnen Sie schon, wie groß er wird? Alle Welpen sind unwiderstehlich, doch informieren Sie sich darüber, was die Rasse als ausgewachsener Hund von Ihnen erwartet.

2 Kurzes Fell, fliegende Ohren:
Der hübsche Magyar Vizsla, ein ungarischer Vorstehhund, zeigt schon jetzt, dass er das schnelle Laufen und Jagen liebt. Können Sie da mithalten?

3 Toy Terrier, elf Wochen:
Er bleibt so klein. Und doch ist er ein ganzer Hund – er braucht Erziehung, Bewegung und viel Zusammensein mit seinen Menschen.

Tipp Einstimmig entscheiden!

> Fangen Sie langsam an: Sammeln Sie Hundefotos, die Ihnen gefallen, und lassen Sie die Kinder Hundebilder malen.
Sehen Sie sich um: Hunde ganz verschiedener Rassen sind überall. Welcher gefällt Ihnen (allen)?
Sprechen Sie mit Hundebesitzern: Fragen Sie nach Vor- und Nachteilen und nach charakteristischen Eigenschaften ihrer Hunderasse.
Nehmen Sie sich Zeit: Nach und nach entsteht ein sehr konkretes Bild von Ihrem Wunschhund und Sie können einstimmig entscheiden!

der Entscheidung für einen Welpen bzw. für den Hund unbedingt an die Zukunft: Wie werden Sie in den nächsten 15 Jahren leben? Wird es ein Baby geben oder werden Sie umziehen, planen Sie einen Karrieresprung, der Ihnen weniger Freizeit lässt, wollen Sie gar ins Ausland ziehen oder merken Sie, Ihre Beziehung könnte in Kürze auseinandergehen?
Mein Rat in diesen Situationen ist: Warten Sie ab, bis Sie wieder klarer sehen, oder planen Sie von Anfang an andere Menschen mit ein, die sich mit Ihnen gemeinsam um den Welpen (und später um den ausgewachsenen Hund) kümmern. Es gibt viel zu bedenken und durch viele Entscheidungen werde ich Sie begleiten.

Wer will was?

Eines müssen Sie unbedingt vorab klären: Welche Vorstellungen gibt es bei allen Beteiligten von einem Leben mit Hund? Soll der Vierbeiner sportlich sein oder wachsam, soll er groß sein oder lieber klein, ein ruhiger Familienhund oder ein Partner für die Jagd? Lassen Sie jeden unbedingt zu Wort kommen. Am besten macht sich zunächst jeder schriftlich seine Gedanken. Kinder können sich besser in Bildern ausdrücken. Sie können malen, welcher Hund durch ihre Träume springt. So können Sie sich einigen und verhindern, dass es später zu Enttäuschungen kommt. Und bitte: Schaffen Sie niemals ein Tier nur für Ihre Kinder an. Als Eltern müssen Sie sich darüber im Klaren sein: Sie haben die meiste Arbeit, zudem alle Verantwortung und die Kosten zu tragen. Darum sollte es immer eine gemeinsame Entscheidung sein – und dann wird es eine der besten in Ihrem Leben!

Rasse oder Mix?

1 Das ist doch ein Border Terrier? Oder steckt bestimmt mit drin. Oder ist Ihnen das ganz egal? Ihr Herz entscheidet immer zuerst.

2 Die Abstammung zu kennen hilft, will man vorher wissen, wie groß und temperamentvoll ein Welpe später wird. Man kennt die Stärken der Rasse und im besten Fall die Eigenarten der Welpeneltern. Beim Mix findet man all das eben nach und nach heraus. Der kleine Wirbelwind auf dem Foto ist ein Parson-Russell-Welpe.

Am Nordseestrand kam ein entzückender kleiner Hund zu uns gelaufen. Ganz fasziniert fragte ich den Besitzer nach der Rasse. „Ein Kannso", sagte er und grinste. „Davon habe ich ja noch nie etwas gehört", tappte ich in die Falle. „Kein Wunder", antwortete der Mann, „kann so sein oder kann auch anders sein, was in diesem kleinen Kerl steckt." Wir lachten und ich merkte mal wieder, dass Besitzerstolz bei uns Hundeleuten überhaupt gar nichts mit Rassestandards zu tun hat. Darum machen Sie sich bitte frei von Überlegungen, welcher Hund wohl gerade besonders angesagt ist, wer durch Werbespots läuft oder welche Rasse die Nachbarn haben. Ein Mix ist zwar nicht unbedingt, wie man gemeinhin meint, robuster, gesünder und wird älter, doch ein Mix erobert Herzen genauso schnell und ist ebenso lerneifrig wie seine reinrassigen Kollegen. Dabei liegen Mischlinge im Trend durch das bewusste Mixen reinrassiger Hunde – wie z. B. Cockapoos aus Pudel und Cockerspaniel.

Schlau lesen und stöbern!

Nutzen Sie das Internet. „Googlen" Sie verschiedene Rassen, die für Sie infrage kommen. Online finden Sie bebilderte Homepages meist sehr engagierter Privatleute, auf denen Sie viel lernen können.

Fast zu jeder Rasse gibt es Online-Foren, in denen Sie kompetente Antworten von vielen Seiten bekommen. Auf der Homepage des VDH (Verband für das Deutsche Hundewesen) finden Sie ein aussagekräftiges Rasselexikon mit über 300 Hunderassen – zusammen mit Adressen von Züchtern (und übrigens auch Notvermittlungen!). Stöbern Sie in aller Ruhe dort herum. So können Sie sich mehr und mehr ein Bild machen, welcher Hund vom Temperament, von der Größe und den ererbten Anlagen her am besten zu Ihnen passt. Lieben Sie mehr das Blättern in dicken Hundebildbänden, schauen Sie in der Buchhandlung durch das große Angebot an Rasseübersichten, genießen Sie die schönen Fotos und die kompakt und kompetent zusammengestellten Rasseinfos.

Rüde oder Hündin?

Rüden sollen aggressiver sein, Hündinnen anhänglicher. Oder war es umkehrt? Fragen Sie zehn Menschen, Sie hören zehn unterschiedliche Antworten. Meine Erfahrung: Wichtiger als das Geschlecht sind die charakterlichen Anlagen von Hundevater und Hundemutter. Lassen Sie sich vom Züchter erklären, welche typischen Eigenschaften die Eltern auszeichnen und die Welpen bereits zeigen. Sie sind die Basis für Ihre Entscheidung. Und schöne Namen gibt es für Rüden wie Hündinnen von A bis Z unter www.welpen.de/hundenamen.

Verstand vor Herz!

Bleiben Sie Welpen fern, bis Sie genau wissen, was Sie wollen. Erliegen Sie nicht der Illusion, Sie würden bei dem einen oder anderen Züchter einfach „mal so" vorbeischauen. Welpen sind unwiderstehlich, darum informieren Sie sich zunächst via Buch, Internet, Foren und telefonieren Sie viel. Schreiben Sie sich Ihre Fragen vorab genau auf, und gehen Sie immer mindestens zu zweit zu dem Züchter.

Züchter, Tierheim oder Hundekind von nebenan?

Reinrassige Hunde vom Züchter kosten viel Geld. Warum? Das Decken mit dem Wunschrüden muss bezahlt werden, die tierärztliche Betreuung der tragenden Hündin, später die medizinische Begleitung der Welpen und manchmal der Geburt. Es kostet Geld, Anzeigen zu veröffentlichen und eine eigene Website zu betreiben, damit Sie einen Welpen Ihrer Wunschrasse auch finden können. Züchter sind vor allem mit dem Herzen, mit Begeisterung und viel Idealismus dabei. Und daran erkennen Sie einen guten Züchter: Er wird Sie fragen – wie Sie wohnen, warum Sie diese Rasse haben möchten, ob Sie über Hundeerfahrung verfügen und, und, und. Sehen Sie diese Fragen als echtes Qualitätsmerkmal für einen verantwortungsvollen Züchter. Er wird Ihre Fragen ebenso ausführlich beantworten, Ihnen vorab den Stammbaum Ihres Welpen zeigen und seinen offiziellen Kaufvertrag. Wichtig ist, dass Sie sich nach der Gesundheit und erblichen Anlagen erkundigen. Im Zentrum steht die Frage: Gibt es Hüft- oder Augenprobleme oder andere Erkrankungen in der Abstammungslinie?

Eine Tierheimliebe

Sich im Tierheim nach einem Welpen umzuschauen, ist eine gute Alternative zum Züchter. Allerdings bleiben in diesen Fällen viele Fragen nach den Eltern und den gesundheitlichen wie charakterlichen Anlagen offen. Aus meiner Sicht ist das Tierheim eine passende Adresse für Menschen, die bereits Hundeerfahrung haben.
Natürlich wird auch hier der Tierarzt gebraucht, die Welpen müssen untersucht, geimpft, entwurmt werden. Darum müssen Sie auch für den Hund aus dem Tierheim einen gewissen Obolus bezahlen. Dieser „Preis" steht in keinem Verhältnis zu dem Aufwand, den die engagierten Menschen in den Tierheimen leisten. Also geben Sie gern und wenn Sie können: Geben Sie mehr! Erkundigen Sie sich zudem nach allem, was über den Welpen und seine Mutter/Eltern bekannt ist. Viele Hunde werden über die

1–4 Kein Ups-Wurf, sondern ein geplanter Babyboom: vier stattliche Jack-Russell-Welpen. Sie sind bereits mehrere Wochen alt, haben längst die Augen geöffnet und schicken sich an, ihre Umgebung zu erkunden – am liebsten natürlich alle Geschwister gemeinsam. Wichtig für die Kleinen: enger Kontakt zur Mutter und von Anfang an positive Erfahrungen mit Menschen.

3

Grenzen nach Deutschland gebracht oder eingeflogen. Wenn Sie wissen, dass Ihr Welpe aus dem Ausland stammt, lesen bitte Sie mehr über die (zum Teil furchtbaren) Lebensbedingungen von Tieren aus diesem Land. Spätere, ungewöhnliche Verhaltensweisen Ihres Hundes werden Sie so besser verstehen können.

4

Der „Ups-"Wurf

In jeder Nachbarschaft gibt es von Zeit zu Zeit „Ups"-Würfe, die nicht geplant waren. Dann sind die Eltern zwar bekannt, aber es existiert weder ein Stammbaum noch eine auf Gesundheits- oder Charaktermerkmale geplante Vorauswahl von Deckrüde und tragender Hündin. Diese Welpen sind deswegen kein bisschen weniger liebenswert! Oft sind sie gesund und munter und wunderschön. Doch: Schauen Sie bitte zweimal hin und lassen Sie den Welpen gut vom Tierarzt untersuchen! Das Adoptieren eines Welpen darf niemals nur ein Freundschaftsdienst sein, sondern gut durchdacht.

Tipp

Eltern unbekannt?

> Die Fellfarbe können Sie sehen und das Temperament erahnen, wenn Sie den Welpen und seine Wurfgeschwister beobachten und vergleichen. Doch sind die Eltern (oder ein Elternteil) komplett unbekannt, bleibt es bei vagen Vermutungen, wenn es um die spätere Größe des Hundes geht. Mein Tipp: Schauen Sie auf die Pfoten! Die sind sehr früh schon so groß (oder klein) wie beim ausgewachsenen Hund.

Planen Sie alles ein!

1

Die Milchzähne eines Welpen sind scharf, seine Neugierde kaum zu zügeln. Bringen Sie also in Sicherheit, was der Knabberlust und der noch nicht vorhandenen Stubenreinheit zum Opfer fallen könnte: wertvolle Teppiche, zerbrechliche Bodenvasen und andere Dekorationen, einige Topfpflanzen (giftige Pflanzen unbedingt entfernen!), Mülleimer ohne fest schließende Deckel, Zeitschriftenständer und Schuhe. Denken Sie an offen liegende Kabel, die auf gar keinen Fall zwischen Welpenzähne gelangen dürfen. Überlegen Sie, wie strapazierfähig sind Sessel und Sofa und entscheiden Sie sich im Zweifel für einen Überwurf. Falls Sie ausschließlich Holzboden bzw. Laminat im Wohnbereich haben, besorgen Sie einige preiswerte Teppiche, denn die Knochen und gerade die Hüften der Welpen sind noch nicht fest genug, um sich ausschließlich auf rutschigem Holzboden zu bewegen.

Der Haushalts-Check

Sammeln Sie alte Handtücher auch bei Freunden und Nachbarn. Sie werden in regenreichen Wochen und bei jeder Art von Hundebad viele davon brauchen. Zudem sind alte Tücher ein ideales Kau- oder Zerrspielzeug für Welpen. Dann entscheiden Sie: Wo sind gute Schlafplätze für Ihren Welpen. Ich finde, ideal sind drei Schlafplätze: im Flur (dort kann der Hund nach Spaziergängen bei Wind und Wetter sehr gut trocknen), im Wohnzimmer und im Schlafzimmer. Wichtig ist, dass der Hund an mindestens einem dieser Schlafplätze wirklich ungestört sein kann und es kein ständiges Hin- und Herrennen rings um den Welpen gibt. Überlegen Sie den festen Platz für den Wassernapf, zu dem Ihr Hund jederzeit Zugang haben muss. Den Futternapf platziert man meist daneben.

Die Box & der Urlaub

Apropos Schlafplatz: Gerade für das Welpenjahr ist eine Hundebox eine perfekte, sichere und gemütliche Höhle für Ihren Hund. Und sie gibt Ihnen die Chance, für kurze Zeit genau zu wissen, wo Ihr Welpe sich aufhält. Alternativ können Sie einen welpensicheren Raum durch ein Kindertürgitter schaffen und ihn dort sehr gut unterbringen. Und apropos Abwesenheit: Wichtig ist, dass Sie vorab planen, wo Ihr Hund wohnen kann, wenn Sie ohne ihn wegfahren – sei es für einen Tag, ein Wochenende oder die Sommerferien. Am besten fragen Sie schon jetzt verbindlich im ganzen Verwandten- und Bekanntenkreis. Eine gute Idee: Machen Sie jemanden zum „Paten" für Ihren Welpen, und beziehen Sie ihn oder sie von Anfang an besonders in das Leben mit dem Welpen ein. Paten werden so zu den besten „Vertretungen", wenn Sie ohne Ihren Hund wegfahren.

Mietvertrag & Versicherung!

Schauen Sie im Mietvertrag, ob Hundehaltung generell erlaubt ist. Falls nicht, fragen Sie persönlich beim Vermieter nach. Oft gibt es dann ein Okay. Denken Sie unbedingt daran, eine Tierhalter-Haftpflichtversicherung abzuschließen. Die schützt Sie vor bösen finanziellen Überraschungen, falls Ihr Hund bei anderen etwas Wertvolles kaputtmacht oder einen Unfall verursacht. Melden Sie Ihren Hund in Ihrer Gemeinde für die Zahlung der Hundesteuer an.
Und: Erkundigen Sie sich nach den geltenden Hundeverordnungen für Ihr Land und Bundesland – meist betreffen sie bestimmte Leinenzwangzeiten und -orte.

1 Was kann ich als Nächstes anstellen? Ein Welpe findet ungeahnte Möglichkeiten, sich zu beschäftigen. Besser, Sie bleiben in der Nähe und räumen Zeitungen weg!

2 Schmeckt das gut? Bis zum Ende des Zahnwechsels haben Welpen und Junghunde zu gern etwas zwischen den Zähnen. Bieten Sie dem Welpen also von Anfang an Dinge, auf denen er kauen darf.
Allerdings können typische Rinderhaut-Kauknochen für Welpenzähnchen zu fest sein. Mein Tipp: Weichen Sie die Kauknochen vorab in warmem Wasser oder milder Brühe ein.

2

Hundewissen & Hundeschule

Selbstverständlich haben Sie richtig entschieden und sich diesen Ratgeber für zukünftige und frischgebackene Welpenbesitzer gekauft. Ich gebe Ihnen einige Lesetipps mehr zu Büchern, die ich Ihnen für ein besseres Verständnis Ihres Hundes und für mehr Erfolg beim Üben ans Herz (und auf den Nachttisch) legen will: Für mich ist das grundlegende Werk „Hunde sind anders" von Jean Donaldson. Ihre Worte haben mir sehr geholfen, mich bis heute davor zu hüten, meinem Vierbeiner menschliches Verhalten anzudichten und Jaden wirklich als das zu sehen, was er ist: ein Hund. Mein zweiter Rat: „Positiv bestärken, sanft erziehen" von Karen Pryor. Sie ist die Begründerin des Clickertrainings, das ich Ihnen später in diesem Buch vorstelle. Um das Empfehlungstrio komplett zu machen: „Hundeverhalten von A bis Z" von Roger Abrantes. Darin können Sie gezielt nachschlagen oder einfach mal blättern. Es wird Ihnen in vielen Situationen die Augen öffnen.
Für Rassehundebesitzer sind aller guten Dinge vier: Besorgen Sie sich außerdem einen aktuellen Ratgeber speziell für Ihre Hunderasse.

Ab in die Schule!

Durch kein Buch der Welt zu ersetzen: der Gang in die Hundeschule. Haben Sie da bitte keine Berührungsängste. Weder Sie noch Ihr Welpe werden dort getestet. Im Gegenteil: Hier werden Ihr Welpe und Sie Wesentliches für den Umgang miteinander, mit anderen Hunden und für den gemeinsamen Alltag lernen. Dabei steht Ihnen ein Trainer mit viel Erfahrung zur Seite. Er zeigt Ihnen ganz konkret, wie Sie richtig agieren und reagieren. Das ist eine sehr große Hilfe. Zudem können Sie sich mit anderen Welpenbesitzern austauschen. Das tut gut, gerade an schwierigen Tagen mit Hundebaby.

1

Die richtige Hundeschule finden:

> Umschauen in mehreren Hundeschulen: Kleine Gruppen, freundlicher Ton, angenehme Atmosphäre? Sehr gut!
Erziehungsgrundsätze erfragen: Nix mit Strafen und Zwang, unbedingt Arbeiten mit Belohnung, Theorie gehört zu jedem Kurs!
Erkundigen: Qualifikation der Trainer plus Erfahrungen speziell mit Ihrer Rasse, Ihrem Mix oder Ihrem Hund aus dem Ausland!
Immer: Folgen Sie bei der Auswahl (und später in den Kursen) Ihrem Gefühl!

1 Hunde erziehen sich gegenseitig – wie der kleine Toy Terrier Hugo hier von seiner älteren Freundin Lucy deutlich in seine Schranken gewiesen wird.

2 Labrador-Mix Joyce zeigt der jungen Havaneser-Dame Bonny durch deutliches Wegschauen: „Ich will jetzt nicht spielen!"

3 Beim Welpentreff der Hundeschule 6-Bein-Training in Bremen sieht man, wie eine perfekte Welpenstunde aussieht: Nach dem Toben für die Kleinen und der Theorie für die Menschen lernen die Welpen, sich etwas zu trauen.

Andere Hunde? Okay!

Ein wesentlicher Bestandteil der Welpentreffs oder der Welpenspielstunden ist die Gewöhnung des Hundes an viele Dinge im Alltag. Dazu finden Sie Tipps in diesem Buch, doch es ist auch spannend zu erleben, wie andere Welpen auf knisternde Folien oder sich öffnende Regenschirme reagieren.

Überhaupt, die anderen Welpen: Sie zu beobachten gibt oft Aufschluss über das Verhalten des eigenen Hundes. Und Sie können die jungen, sozial noch unerfahrenen Hunde zusammen erleben. Sie sehen, wie Ihr Hund reagiert, ob er auf hündische Höflichkeitsgesten achtet. „Spricht" er mit seinem Körper schon eine deutliche, für andere Hunde verständliche Sprache? All das gibt Ihnen ein sicheres Gefühl für jede zukünftige Hundebegegnung.

Was frisst mein Welpe?

Es gibt seit einigen Jahren Diskussionen und fast schon zwei Lager in Sachen Hundeernährung: die Fertigfutterkäufer und die Rohernährer. Ich gebe Ihnen den Rat: Informieren Sie sich über Fertigfuttersorten. Was ist wirklich drin in Dosen oder Tüten? Vergleichen Sie die Zusammensetzungen und prüfen Sie die Inhaltsstoffe!

Meinem Eindruck nach ist die Fertigfutterwelt seit einiger Zeit in Bewegung: Es gibt einen Qualitätssprung. Vermutlich deshalb, weil sich inzwischen viele Hundebesitzer für die Rohernährung entschieden haben und damit gute Erfahrungen machen. Es ist auch weder ein Wagnis, noch ist es zu teuer oder zu viel Arbeit. Doch das müssen Sie für sich selbst herausfinden. Ich rate in jedem Fall davon ab, den Welpen anfangs selbst „testen zu lassen", was er so mag. Im Gegenteil: Nutzen Sie in den ersten Tagen oder Wochen unbedingt das gleiche Futter wie der Züchter. Erst dann mischen Sie langsam das Futter dazu, das Sie überzeugt.

Ob es die richtige Wahl ist, dafür gibt es deutliche Anzeichen:

> Bekommt es dem Hund oder hat er Durchfall?

> Ist das Fell weiterhin glänzend oder wird es matt?

> Hat der Welpe Mundgeruch und Blähungen?

Wenn Sie merken, dieses Futter kommt beim Verdauungssystem Ihres Welpen nicht gut an, wechseln Sie die Sorte oder probieren Sie, ob frisches Fleisch und Gemüse nicht doch eine Alternative für Ihren Hund sind.

Roh ernähren = BARFEN

> B.A.R.F. steht für biologisch artgerechtes Futter. Eine der Online-Adressen: www.barfers.de mit dem wohl aktivsten Online-Forum. BARF-Vorteile: weiße, gesunde Zähne, kaum Mundgeruch oder Blähungen, glänzendes Fell und richtig kleine „Haufen"! Allerdings: Die Verantwortung für eine ausgewogene Futterzusammenstellung liegt beim Hundebesitzer.

1 Denken Sie daran, dass Sie Ihren Welpen mehrmals am Tag füttern und zuerst das Futter des Züchters nutzen.

2 Heute back ich – viele Hundebesitzer backen gern Leckerlis und Hundekekse selbst. Probieren Sie es doch auch einmal aus! Milchpodukte wie Quark und Hüttenkäse sind wertvolle Futterbeigaben.

3 Frisches Fleisch lieben alle Hunde. Wollen Sie es mit Gemüse ergänzen, sollten Sie es pürieren. Reis mag ein Hund auch, braucht er aber nur in Maßen.

Was können Sie nun als Leckerbissen nutzen: Ich finde Kaustreifen ideal, denn man kann sie in sehr, sehr kleine Stückchen brechen. Und das ist wichtig, denn eine Belohnung soll wirklich mit einem kurzen Happs verschlungen werden können. Man kann auch milden Käse oder Fleischwurst in kleine Würfel schneiden und in einer Tüte oder einer kleinen Dose den Tag über als Belohnung nutzen. Manche Hunde mögen Nüsse – füttern Sie allerdings auf keinen Fall Erdnüsse oder Macadamia-Nüsse.
Und falls Sie zu Ihrem „Studentenfutter" greifen, eine kurze Warnung: Rosinen machen Hunde krank, und mit Schokolade als Belohnung können Sie Ihren Hund tatsächlich vergiften! Bewahren Sie Ihre Schokotafeln unerreichbar für den Welpen auf.

2

3

Leckerbissen – ja bitte!

Wenn Sie Ihren Hund mit positiver Bestärkung erziehen, so wie in diesem Buch beschrieben, dann brauchen Sie Belohnungen. Natürlich muss das nicht immer ein Leckerbissen sein (alternativ z. B. ein kurzes Spiel), doch die Erfahrung zeigt: In den meisten Fällen belohnt man am schnellsten, unmissverständlichsten und einfachsten mit etwas, was Ihrem Hund richtig gut schmeckt.

Bevor der Welpe kommt Check

- ✓ Alle entscheiden gemeinsam – für Rasse oder Mix!
- ✓ In Erfahrung bringen: Wer sind die Welpeneltern?
- ✓ Anders einrichten – welpensicher und mit Hundeschlafplätzen!
- ✓ Urlaubsvertretung finden, mit Herz für Ihren Hund!
- ✓ Hundewissen sammeln: lesen, lesen, lesen!
- ✓ Zum Welpenkurs anmelden!
- ✓ Über Hundefutter informieren!

Aus dem Tagebuch eines werdenden Frauchens

Warten auf den Welpen

Größenverstellbares Zughalsband oder Schlupfleine aus 100% Polyamid und Polypropylen? Geflochten und mit verschweißten Verbindungen oder gewebt und aus Cashmylon? Mit hohem Gebrauchswert. Oder doch genietetes Vollrindleder mit Hundemotiv „Wuffi"? In meinem Kopf mehren sich die Fragezeichen. Ich atme tief ein und tippe dann mit geschlossenen Augen und ausgestrecktem Zeigefinger auf irgendeine Ecke der Hundezubehörseite. Ich lande bei Polyamid. Gut, das Halsband soll es sein. Nur welche Farbe? Und welche Länge? Und welche Breite? Dabei bin ich erst auf Katalogseite 28. Ab Seite 34 kommen die Hundebetten und ab Seite 78 dann die Futtersorten. Ich habe auch schon ganz hinten einen Blick riskiert: die Spielzeuge. Unzählige. Ich seufze. Mein Mann sieht mich an, sieht, wie ich mit zwei Millionen Denkfalten meine Stirn um Jahre älter mache, und sagt trocken: „Wollen wir nicht erst mal die Geburt abwarten." Ich hasse es, wenn er meine Probleme mit einem Satz löst, aber schlage doch den sich selbst als „tierisch preiswert" bezeichnenden Kleintierzubehör-Katalog „mit 50 Seiten Hunde-Extra" wieder zu und frage: „Wann hast du das letzte Mal E-Mails abgerufen?" Ohne auf die Uhr zu schauen, sagt er: „Vorhin." Ich hege so meine Zweifel, ob dieses unkonkrete „Vorhin" nicht schon länger als zehn Minuten her sein könnte. Also schiebe ich mich langsam in Richtung Computer. Ich stehe vor meiner Hundepremiere – auch wenn ich seit Monaten Hundebücher verschlinge. Ich kenne mich aus mit „Positiver Verstärkung" und weiß längst, dass Hunde anders sind und organisiere im Hinterkopf schon Hühnerhälse für die BARF-Ernährung, habe mich und den Hund schon angemeldet zur Welpenstunde, zum Obedience für Anfänger, ach ja – TTouch habe ich schon an der Katze unserer Nachbarin geübt. Und ich, die zukünftige Hundebesitzerin, die zukünftig Hauptleidtragende der welpeneigenen Undichtheit und die unerschrockene Verhinderin von Sofa-Kau-Attacken, kann die Ankunft des Hundes kaum erwarten und gebe meiner Ungeduld nach. Spotte, wer da wolle. Der Bildschirm des Computers schaut mir nichtssagend entgegen. Ich lasse mich davon nicht beeindrucken und klicke mich durch das Online-Menü und lande bei „Keine neuen Mails". Ich gehe auf „Aktualisieren", um die Seite neu zu laden. Aber: keine Veränderung – keine neuen Mails. „Noch nichts", rufe ich. „Dachte ich mir", ruft es zurück aus dem Wohnzimmer. Ich wische auf der Tastatur herum. Die Züchterin hat gesagt, sie würde uns sofort mailen, wenn die Welpen da sind. Wann ist wohl sofort? Zehn Minuten nach der Geburt, eine Kaffeetasse nach der Geburt, ein Nickerchen nach der Geburt, einen Tag nach der Geburt? Wie lange dauert eigentlich so eine Geburt von fünf, sechs, sieben und mehr Hundebabys? Morgen ist der Stichtag. Aber es ist doch schon fast Tagesschau-Zeit und wenn unser Welpe nur halb so neugierig auf sein Leben mit uns ist wie wir auf unser neues Leben mit ihm, dann müsste er sich doch beeilen, mit dem Auf-die-Welt-Kommen. Ja, ich weiß, ich bin wie immer viel zu ungeduldig. Darum nutze ich die Wartezeit, bis ein zweites Mal der Mailstand aktualisiert ist, und schicke ein Stoßgebet ins Universum: Bitte lass eine kleine Hündin für uns dabei sein. Bitte! Bitte! Mein Mann kommt ins Zimmer, schaut mir über die Schulter und stellt mir ein Glas Sekt vor die Nase. „Das macht dir wieder gute Laune." Ich will nach dem Glas greifen, da beugt er sich hinunter und flüstert in mein Ohr: „Die Welpen sind schon da. Heute kurz nach zwei Uhr geboren. Vier Rüden, vier Mädchen. Alle gesund und munter." Mein Herz klopft. Jetzt geht das Hundeleben los. Wie gut, dass ich schon ein Halsband ausgesucht habe. 100 Prozent Polyamid. Und 100-prozentig finde ich die Seite nicht wieder. Mein Mann sieht mir staunend hinterher, wie ich aufstehe und hektisch den Katalog durchblättere. Er kommt zu mir und hält mir seine Sektschale entgegen. „Hast du nicht was vergessen, Liebling?" Ich schaue auf sein Glas, aus dem die Bläschen schon fast verschwunden sind, und schlage mir mit der Hand vor die Stirn: „Natürlich – der Trinknapf." (Ich weiß gar nicht, warum mein Mann daraufhin seinen Sekt in unseren Gummibaum kippt.)

Hurra, der Welpe ist da!

Ab zum Tierarzt! > 38

Im Gespräch mit der Hundephysiotherapeutin Marion Wild > 44

Das gilt ab sofort! > 34

Endlich abholen!

1

Nun ist Ihr Welpe zwischen 8 und 12 Wochen alt. Sie können ihn abholen. Was müssen Sie (außer der Kamera!) noch einpacken, bevor Sie ihn endlich nach Hause holen?

> Halsband und Leine – leicht und schmal für Welpen
> Kleine Leckerchen – Ihr Hund soll gleich wissen, dass sie gut schmecken
> Ein kleines Welpenspielzeug zum Knabbern – kauen hilft Hunden, Stress abzubauen
> Eine kleine Hundebox mit vielen Handtüchern ausgelegt
> Oder: eine zweite Person, auf deren handtuchbedecktem Schoß der Hund mitfährt
> Einen Wassernapf und eine Flasche Leitungswasser – falls die Fahrt länger dauert
> Eine Mappe mit Klarsichtfolien – für Unterlagen wie Stammbaum, Anmeldeformulare für Rasse- oder Zuchtverbände, Gesundheitsnachweise z. B. vom Augencheck

Tipp Duftnote mitnehmen!

> Sie helfen Ihrem Welpen durch die erste Zeit, wenn Sie eine Duftnote von seinem Zuhause, seinen Geschwistern und seiner Mama mit zu Ihnen nehmen. Das kann ein Handtuch sein oder ein altes T-Shirt, das Sie bei Ihrem letzten Besuch dort ins Körbchen gelegt haben. Nun legen Sie es auf seinen „Mitfahrplatz“.

1 Natürlich wollen Kinder mit zum Abholen des Welpen und machen in der Pause – unter Aufsicht – den ersten Gang an der Leine.

2 Angekommen im neuen Zuhause nehmen Welpen Haus und Garten unter die Lupe – nicht immer so stürmisch wie Bonny. Meist schauen sie sich nur vorsichtig um.

3 Mitfahren auf dem Arm des Kindes? Besser Sie bringen den Welpen in einer kleinen Box unter, die auf der Rückbank steht.

Ganz wichtig! Bringen Sie Zeit mit für eine entspannte Hin- und Rückfahrt und um vor Ort noch eine Weile zu bleiben. Geben Sie Ihrem Welpen zunächst die Chance, sich in seinem gewohnten Zuhause mit Ihnen zu beschäftigen. Auch wird der Züchter Ihnen noch viel zu Ihrem Hund erzählen. Fragen Sie nach dem verwendeten Futter und packen Sie eine „Duftnote" mit ein (siehe Kasten). Legen Sie dann Ihrem Welpen vorsichtig sein Halsband um. Geben Sie ihm dabei großzügige Belohnungen. Halsband und Leine werden lebenslange Begleiter für Ihren Hund sein, darum ist es ideal, er „mag" sie von Anfang an. Allerdings verbieten Sie ihm, an der Leine zu knabbern.

Die Autofahrt

Bringen Sie Ihren Welpen nach Möglichkeit auf dieser Fahrt in Ihrer Nähe unter. Es wird für ihn fremd genug sein, mit Ihnen wegzufahren. Im Kofferraum würde er sich heillos allein fühlen. Am besten stellen Sie eine kleine Hundebox auf die Rückbank. Sie ist für den Welpen wie eine Höhle, in der er sich gut aufgehoben fühlt. Natürlich ist sie mit Handtüchern ausgelegt, schließlich ist der Welpe noch nicht stubenrein. Und wappnen Sie sich innerlich: Es kann passieren, dass Ihr Welpe heult und unbedingt wieder heraus will aus Ihrem Auto. Halten Sie ihn also ruhig und liebevoll fest. Ihre Nähe ist für ihn wichtiger als viele Worte. Machen Sie auf dem Weg einige Pausen. Ihr Welpe braucht sie, um sich im Gras lösen zu können. Dabei nehmen Sie ihn immer an die Leine, und bieten Sie ihm Wasser an. Lassen Sie niemanden den süßen Welpen streicheln. Es ist für den kleinen Hund alles verwirrend genug! Suchen Sie ruhige Parkplätze aus oder schirmen Sie ihn vor Raststättentrubel gut ab.

Der erste Tag

1 Eben noch im Welpenschlaf gelegen ...

2 ... jetzt ist der junge Labrador Chelsy auf Entdeckungstour und zeigt, wie man den Welpen im neuen Zuhause begrüßen kann: mit Leckerlis.

3 Hunde und Kinder? Das klappt besonders dann, wenn Welpen Kinder von Anfang an kennen. Und Kinder mit Welpen gut umgehen.

1

2

Bevor Sie mit Ihrem Hund ins Haus oder in Ihre Wohnung stürmen, lassen Sie ihn erst mal im Grünen schnüffeln, damit er sich lösen (also: sein Geschäft erledigen) kann. Dabei gehen Sie mit ihm bereits an den Platz, an dem er sich auch in Zukunft immer als Erstes lösen soll. Egal, ob das der nächste Grünstreifen, der Eingang zu Wald oder Feld oder eine Ecke in Ihrem Garten ist. Halten Sie Ihren Welpen (ja, auch im Garten!) an der Leine. So kontrollieren Sie, wohin der Hund jetzt – und in Zukunft – macht.

Das Gewohnheitstier

Ein Hund ist ein Tier, das Gewohnheiten, feste Zeiten und vertraute Orte mag – wie seinen Löseplatz. Hat Ihr Hund verstanden, dass er hier „müssen" darf und soll, brauchen Sie vor einer Autofahrt, oder bevor Besuch kommt, am Abend vor dem Schlafengehen und am Morgen nach dem Aufstehen nur dort hinzulaufen und es wird klappen. Dafür haben Sie natürlich eine Belohnung in der Tasche. Sobald Ihr Welpe sich dort löst, loben Sie ihn und geben ihm ein Leckerli. Das ist der erste wichtige Schritt zur Stubenreinheit. Wenn Sie möchten, nutzen Sie ein Signalwort. Das heißt: Während Ihr Welpe sich löst, sagen Sie ab jetzt immer das gleiche Wort wie z. B. „Toilette!" oder (ich sage:) „Pischern!". Das Wort verknüpft Ihr Hund über die Zeit mit seinem Lösen und später kann er dann auf dieses Signal hin das Bein heben oder sich hinsetzen. Sehr praktisch auf Reisen.

Das neue Zuhause

Führen Treppen zu Ihrer Wohnung, tragen Sie Ihren Welpen hinauf. Die Zimmer kann er dann auf eigenen Pfoten entdecken. Das tut er noch lieber, wenn Sie zuvor in allen Räumen Leckerlis verstreut haben. In jedem Fall erwartet Ihren Welpen an seinem Schlafplatz ein besonders guter Leckerbissen. Soll Ihr Hundebaby einige Zimmer im Haus nicht betreten (bei mir z. B. die Küche und die Kinderzimmer), machen Sie diese von Anfang an zu „Taburäumen". Wie das geht? Sobald Ihr Welpe seine Pfoten über die Schwellen zu diesen Zimmern setzt, sagen Sie deutlich und laut „Nein!" und holen ihn wieder heraus. Sie werden sich wundern, das verstehen Hunde schnell und halten sich wirklich daran. Alle Familienmitglieder müssen dabei natürlich konsequent mitmachen!

Nach dem ersten – bei manchen Welpen sehr vorsichtigen – Kennenlernen des Hauses, setzen Sie sich ruhig hin und beobachten Ihren Hund. Will er auf Möbel springen, an etwas kauen oder kratzen, verbieten Sie es sofort mit einem „Nein!" und holen Sie den Welpen dort weg. Denken Sie auch daran, Ihrem Hund seinen Wassernapf zu zeigen. Zum Fressen wird er jetzt noch zu aufgeregt sein.

Nähe plus Ruhe

Bleiben Sie in den nächsten Stunden auf jeden Fall in der Nähe des Welpen. Setzen Sie sich zu ihm auf den Boden. Will er mit Ihnen spielen, nutzen Sie ein kleines Hundespielzeug, damit er weder in Ihre Hände noch in Ihre Kleidung beißt. Lassen Sie Ihrem Hund auf jeden Fall auch die Chance, in Ruhe anzukommen und – nach der Aufregung – in den Schlaf zu finden.
Sobald er schläft (und Welpen neigen dazu, ziemlich plötzlich einzuschlafen und ebenso plötzlich wieder hellwach und munter zu sein), tragen Sie Ihren Welpen zu seinem neuen Schlafplatz, in den Sie auch die mitgebrachte „Duftnote" legen. Jetzt haben Sie frei, aber behalten Sie Ihren schlafenden Welpen im Auge. Es ist wichtig, dass er ungestört ruhen kann. Also erklären Sie anwesenden Kindern, ein kleiner Welpe braucht – wie ein Menschenbaby – viel Schlaf. Ausgeruht wird er wieder ein toller Spielkamerad sein.

3

1

nach draußen, sobald er wach wird, er getrunken oder gefressen hat. Wie Sie konkret die Stubenreinheit trainieren, lernen Sie im Kapitel „Vorschule" (siehe Seite 84). Am ersten Tag gilt: Sobald Ihr Welpe wach wird, gehen Sie mit ihm zunächst zu seinem Löseplatz und machen dann einen ersten kurzen Spaziergang. Wenn Sie ihm anschließend zu fressen geben, denken Sie daran, dass Sie kurz darauf wieder mit dem Hund hinausgehen müssen. Wundern Sie sich nicht, wenn er heute wenig oder gar nicht frisst, selbst wenn Sie sein gewohntes Futter anbieten. Immerhin hat sich in wenigen Stunden sein ganzes Leben verändert. Ihr Welpe war bisher unter Hunden. Jetzt ist er allein unter Menschen. Er kannte seine Umgebung. Jetzt ist (und riecht!) alles anders. Denken Sie auch daran, dass ein Welpe am Tag noch mehrere Futterzeiten braucht: bis zum vierten Lebensmonat viermal pro Tag, bis zum achten Lebensmonat dreimal am Tag, bis zum zwölften Lebensmonat zweimal am Tag. Danach können Sie diese Futterzeiten beibehalten oder auf einmal täglich umstellen.

Spazierengehen!

Lange sonnige Spaziergänge an der frischen Luft mit Ihrem neuen vierbeinigen Lebensbegleiter ... So idyllisch und wunderbar ist das Leben als Hundebesitzer ganz bestimmt. Doch am Anfang ist es wichtig, dass die Spaziergänge kurz bleiben, dafür häufig. Es gibt die Faustregel: pro Lebensmonat zehn Minuten Weglänge. Und das zunächst jede Stunde, dann alle zwei, dann alle drei Stunden. Natürlich können Sie nach Ihrem Welpen nicht die Uhr stellen. Ihr Hund hat seinen individuellen Rhythmus. In jedem Fall: Gehen Sie mit Ihrem Welpen

1 Schnüffeln und verweilen erwünscht: Hier vor der Haustür ist ein wichtiger Löseplatz, den Chelsy vom ersten Tag an kennengelernt hat. Carina wartet geduldig, bis der junge Labbi sich löst. Und natürlich hat sie eine Tüte dabei für „große Geschäfte". Denn sie weiß: Jeder Hundebesitzer ist für das gute Image unserer Lieblingstiere mit verantwortlich.

Was Sie ab jetzt brauchen

>
- ✓ Hundebürste (oder Kamm – je nach Fell)
- ✓ Lange Schleppleine (nicht zu verwechseln mit Ausziehleinen!)
- ✓ Zeckenkarte aus der Apotheke
- ✓ Kauknochen und Spielzeug
- ✓ Ihren Jahresurlaub!

„Hallo!“ sagen?

Natürlich wissen Ihre Familie und Freunde, dass heute der große Tag ist. Und natürlich sind alle neugierig, den niedlichen kleinen Hund zu bestaunen. Mein Rat ist: Warten Sie mit diesen Besuchen unbedingt ab. Zuerst muss Ihr Hund lernen, wer zu seinem Rudel gehört – alle, die mit ihm zusammenwohnen. Mehr nicht! Was Sie tun können ist, nach einigen Tagen Ihre Freunde beim Hundespaziergang zu treffen. Und trösten Sie Ihre Familie: Sie werden ihre Hilfe später noch brauchen, um Ihren Welpen an neue Menschen zu gewöhnen. Wichtig ist, dass Sie jetzt wirklich viel Zeit für Ihren Welpen haben. Nehmen Sie Ihren Jahresurlaub und stimmen Sie sich in der Familie ab. Anfangs können Sie Ihren Welpen auf gar keinen Fall allein lassen! Gern werden Welpen in den Sommer- oder Osterferien in die Familie eingeführt. Doch nicht immer liegen die Geburtstermine so, dass es exakt dann mit dem Abholen klappt. Darum machen Sie alles möglich, damit zum Zeitpunkt der Ankunft des Welpen zumindest einer immer da ist.

2 Wie lang darf ein Welpen-Spaziergang sein? Am Anfang: kurz! Gehen Sie nur ein paar Minuten. Ihr Welpe braucht in dem Sinne noch keine ausführlichen Gassi-Gänge. Und Welpen zeigen oft auch eindeutig an, wenn sie nicht mehr können: Sie setzen sich einfach hin. Es ist kein falsches Verwöhnen, sie dann auf den Arm zu nehmen und auf dem Nachhauseweg eine Weile zu tragen.

Die erste Nacht

Ich kann Ihnen nicht genau sagen, wie die erste Nacht mit Ihrem Welpen wird. Denn natürlich reagiert jeder kleine Hund anders auf seine neue Umgebung. Doch eines ist sicher, Sie werden wenig Schlaf bekommen! Dafür kann es zwei Gründe geben: lautes Heulen aus dem Hundekorb oder ständiges Herumlaufen des Welpen wegen nächtlichem Harndrang. Stellen Sie sich darauf ein, denn Ihr Welpe ist tatsächlich noch ein Baby. Es wird darum auch nicht für immer so sein. Aber: Aller Anfang ist schwer.

Oh je, Heimweh!

Sie haben ein Herz für Tiere und fühlen mit Ihrem Welpen. Denn: Natürlich ist die erste Nacht ohne seine Mutter, seine Wurfgeschwister, ohne die vertraute Umgebung kein Grund zum Jubeln. Im Gegenteil! Sehr viele Welpen heulen sich in der ersten Nacht die Seele aus dem Leib. Das machen sie ganz instinktiv, denn mit dem Heulen rufen Wölfe ihr Rudel zusammen und genau das macht Ihr Welpe auch: Er ruft nach seinem Rudel und hofft auf Antwort. Einige

Tipp > Miterleben – mitschreiben!

Besorgen Sie sich ein schönes Heft oder Notizbuch für das erste Hundejahr. Hier können Sie jeden Tag (und später jede Woche) kurz notieren, was Sie mit Ihrem Welpen erlebt haben. Teilen Sie mit Bleistift und Lineal auf jeder Seite einen Bereich ab, in dem Sie Lernfortschritte und Trainingsziele notieren. Den restlichen Platz nutzen Sie für kleine Geschichten, farbige Markierungen, für Fotos oder gemalte Bilder der Kinder. So schaffen Sie ein lebendiges Erinnerungsalbum. Und beim Zurückblättern werden Sie sich freuen, was Ihr Hund seit Tag 1 für tolle Fortschritte gemacht hat!

Um Ihnen eine möglichst lange Nachtruhe zu sichern, gehen Sie direkt vor dem Zubettgehen eine kleine Runde mit Ihrem Welpen. Und wechseln Sie sich mit der Welpen-Nachtschicht möglichst ab – eine Nacht sind Sie dran, in der nächsten Ihr Partner oder größere Kinder.
Übrigens: Auch am nächsten Morgen geht Ihr erster Gang vor die Tür. Danach können Sie duschen und anschließend genießen Mensch und Welpe ihre Frühstücksportionen.

1 Zum Einschlafen braucht Ihr Welpe Ihre Nähe. Lassen Sie ihn anfangs ruhig ins Schlafzimmer oder legen Sie sich zu ihm.

2|3 So üben Sie mit dem Welpen, in seine Schlafbox zu gehen: Leckerlis hineinwerfen und zunächst die Tür offen lassen. Wichtig: Belohnen Sie den Hund beim Gewöhnen an die Box nur IN der Box! Die meisten Welpen akzeptieren die Box sofort.

Ratgeber sagen: Heulen Sie mit, dann fühlt sich Ihr Hund nicht so allein. Ich denke eher: Holen Sie Ihren Welpen zu sich ins Schlafzimmer (oder schlafen Sie neben dem Hundekorb). Sie müssen das nicht ewig so belassen, nur eben die ersten Nächte. Streicheln Sie Ihren Welpen sanft und geben Sie ihm vor allem die „Duftnote" seines alten Rudels.

Vorteil: Schlafbox

Ideal ist es, wenn Ihr Welpe in einer Box direkt neben Ihrem Bett schläft. So sind Sie in seiner Nähe und bekommen zudem mit, wenn er sich lösen muss. Auch kleine Hunde benässen nicht gern ihren eigenen Schlafplatz. Wenn Sie grundsätzlich keine Box anschaffen wollen, nutzen Sie für die ersten Nächte einen stabilen Karton mit hohen Wänden, den Sie mit Decken und Handtüchern gut auspolstern. Ist Ihr Hund nun in seiner Box und merkt, er muss sich lösen, wird er unbedingt aus der Box herauswollen – und das hören Sie deutlich. Am besten liegen Schuhe und Mantel schon an der Tür bereit. Denn Sie müssen anfangs wirklich flott sein beim Rausgehen.

Das gilt ab sofort!

Ja, unwiderstehlich sind Welpen, denen kann man gar nichts verbieten. Doch: In weniger als einem Jahr haben Sie einen ausgewachsenen Hund und den müssen Sie in jeder Situation unter Kontrolle haben oder schnell unter Kontrolle bringen können.

An Regeln halten!

Sie erziehen also kein Hundebaby. Sie erziehen einen Hund, der mit Ihnen hoffentlich weit mehr als zehn Jahre Ihr Leben, Ihr Auto, Ihre Urlaube, Ihren Garten und Ihr Zuhause teilt. Und für dieses Mensch-Tier-Zusammenleben gilt es Regeln aufzustellen

1|2 Betteln – nein danke! So wie Tanja hier von ihrer Joyce bedrängt wird, kann sie nur deutlich reagieren: sich wegdrehen und ihren Welpen erst dann belohnen, wenn er sie in Ruhe essen lässt.

2|3 Hochspringen – unerwünscht! Darum lässt Tanja auch die Leine dran und kann schnell reagieren. Ideal ist, wenn der Angesprungene sich wegdreht, bis der Hund alle Pfoten wieder auf dem Boden hat.

und für deren Einhaltung zu sorgen. Ab dem ersten Tag!
Natürlich können und dürfen sich noch einige Dinge ändern: Vielleicht gefällt Ihnen der angedachte Platz für die Näpfe doch nicht mehr, oder Sie wollen den Hund zwar anfangs mit im Schlafzimmer nächtigen lassen, doch später lieber im Flur. All das ist änderbar. Was von Anfang an gelten soll, sind absolute Tabus. Bereits angesprochen habe ich die „Taburäume" (siehe Seite 29), doch überlegen Sie sich auch: Soll der Hund aufs Sofa oder ins Bett? Meine ehrliche Empfehlung ist: Machen Sie es Ihrem Hund auf dem Boden schön. Eine kuschelige Decke zu Ihren Füßen ist die bessere Lösung. Sicher haben Sie schon einmal gehört, erhöhte Sitz- oder Schlafpositionen würden dem Hund einen zu hohen Status zuweisen. Er würde sich dort wie der Chef fühlen und darum dominant und aggressiv werden (und quasi über Sie regieren). Das können Sie vergessen, das ist menschliches Hierarchiedenken. Richtig ist Folgendes: Sie geben dem Hund seine lebenswichtigen Ressourcen wie Wasser, Futter, Schlafplatz, Bewegung, Aufmerksamkeit – ähnlich wie bei einer Eltern-Kind-Beziehung. Nehmen Sie diese Rolle an. Als „Hundeeltern" tragen Sie viel Verantwortung und Sie erstellen die Regeln, für deren Einhaltung Sie sorgen – liebevoll, doch konsequent. Ein Hund ist ganz sicher Ihr wunderbarer Lebensgefährte, aber nicht wirklich ein gleichberechtigter Partner. Er ist ein Hund. Ein Tier, das durchaus unvorhergesehen reagieren kann, das scharfe Zähne hat und einen sehr starken Kiefer. Bei aller Kuscheligkeit ist es wichtig, dass Sie die Entscheidungen treffen, Ihr Hund Sie respektiert und Ihre Signale zuverlässig und freudig (statt willenlos, ängstlich und unterwürfig!) in das gewünschte Verhalten umsetzt. Das Erziehungsprinzip der „Positiven Bestärkung", mit dem ich Ihnen empfehle zu arbeiten, bedeutet also nicht, Ihren Hund nicht zu lieben oder ihn nie nach seinem Gutdünken toben zu lassen. Das heißt nur, dass Sie ihn vom Toben jederzeit wieder zu sich rufen können. Das schafft Sicherheit!

Hochspringen – nein!

Kein Mensch möchte Pfotenabdrücke auf seiner Hose oder Spuren von Hundekrallen am nackten Bein. Üben Sie mit dem Welpen von Anfang an, dass er sich zuerst setzen muss, bevor er die Aufmerksamkeit eines Menschen bekommt. Machen Sie da keine Ausnahmen und sagen Sie auch Ihren Besuchern oder Leuten, denen Sie auf dem Spaziergang begegnen, dass sie Ihren Welpen auf gar keinen Fall streicheln sollen, wenn er hochspringt. Sie werden merken: Es ist manchmal leichter, seinen Hund zu erziehen als seine Umwelt. Denn Sie werden oft nicht verhindern können, dass hundebegeisterte Leute Ihren Welpen streicheln während er hochspringt – und ihm dabei sogar Leckerlis zustecken. Das kann ich aus eigener Erfahrung so sagen. Darum reagieren Sie schnell und mit Nachdruck! Dafür können Sie am Halsband des Welpen eine dünne, lange Schleppleine befestigen. Damit kann Ihr kleiner Hund frei laufen, aber Sie können auch schnell eingreifen, wenn andere Menschen vorbeikommen.

Beißen – nein!

Die Milchzähne eines Welpen sind ganz schön spitz. Und ehrlich, es wird anfangs noch oft passieren, dass Ihr Welpe Sie in Ihre Hände, Arme oder in Ihre Hosen beißt. Das wird viel, viel besser (bei Jaden ist es schlagartig mit acht Monaten verschwunden), wenn der Zahnwechsel vollzogen ist. Trotzdem: Bleiben Sie streng! Jedes Beißen, Schnappen, Knabbern an Menschenhaut und Menschenkleidung ist absolut verboten. Dabei gibt es verschiedene Möglichkeiten, zu reagieren:
Hat Ihr Welpe Ihre Hand erwischt, sagen Sie deutlich und in einer hohen Tonlage „Aua!" und ziehen Sie Ihre Hand langsam (!) aus dem Maul des Welpen. Dann drehen Sie sich deutlich weg von Ihrem Hund und beenden die Beschäftigung mit ihm. Wenn er schon etwas gelernt hat wie „Sitz!", geben Sie ihm dieses Signal und belohnen ihn, wenn er darauf richtig reagiert. Danach gehen Spiel, Bürsten oder Streicheln, das Sie wegen des Beißens aufgehört haben, weiter. Schnappt Ihr Welpe nach einer anderen Person, z. B. nach dessen Hosenbeinen, dann sagen Sie sofort und sehr energisch „Nein!" und nehmen den Hund an der Leine oder am Halsband raus aus der Situation, damit es sich nicht wiederholt.

Ganz wichtig: Trennen Sie auf jeden Fall kleine Kinder und Welpen, wenn Sie nicht dabeibleiben können. Erwachsene müssen immer anwesend sein und die Situation voll unter Kontrolle haben oder zügig unter Kontrolle bringen können.
Übrigens: Die Regel „Hund plus Kind plus Erwachsener" gilt auch für ausgewachsene Hunde!

2

1

Anknabbern – nein!

Beißt Ihr Welpe in Möbel oder knabbert an Wänden, Teppichen, Treppenstufen, Schuhen und Fußleisten, reagieren Sie prompt mit einem scharfen „Nein!" und nehmen ihn von dort weg. Ideal ist, wenn Sie ihm stattdessen ein Kauspielzeug oder einen Leckerbissen zum Kauen anbieten. Wichtig: Ein „Nein!" nützt nur etwas, wenn Sie den Welpen wirklich im Moment des Knabberns erwischen. Schon Sekunden danach kann der Welpe Ihr Schimpfen nicht mehr dem Möbelankauen von eben zuordnen. Im Gegenteil: Er bezieht es direkt auf das, was er in genau dem Moment macht (was vielleicht gewünschtes Verhalten war, wie sitzen oder Sie anschauen). Das führt zu Verwirrungen und Missverständnissen. Erlauben Sie nicht, dass Ihr Hund in die Leine beißt. Sie ist kein Spielzeug! Sonst

1 Ist das lecker? Mal probieren! Welpen können sich dem intensiven Kauen richtig hingeben.

2 Halt!!! Welpen kennen keine Ausnahmen, sie probieren einfach mal und reißen mit ihren Zähnen von Zimmerpflanzen und Gartenstauden einfach Stücke ab. Darum: Giftige Pflanzen unbedingt für Welpen unerreichbar platzieren.

3 Quatsch machen? Das geht auch ohne Zähne – mit dem Wassernapf. Denn gerade nach dem Kauen tut ein Schluck Wasser gut!

4 Meins, meins, meins! Der kleine Jack Russell will ein schönes Zerrspiel mit Leine und Halsband machen. Besser: Beenden Sie diese Art von Spiel!

4

3

müssen Sie in einige Leinen investieren, denn Welpenzähe nagen sie ratzfatz durch!

Betteln – nein!

Wenn Sie es vom ersten Tag an wie vorgeschlagen machen, werden Sie niemals mit Ihrem Hund bei Mahlzeiten Probleme bekommen: Bringen Sie Ihrem Hund bei, sich während Frühstück, Mittagessen oder Abendbrot in sein Körbchen zu legen. Wenn Sie ihm dann etwas geben möchten: Legen Sie ein Hundeleckerli in seinen Korb. Niemals „Menschenessen"!

Ihre Entscheidung!

Sofa, Bett, Räume – ja oder nein. Überlegen Sie sich, was Sie gestatten möchten und bleiben Sie dann bei Ihrer Entscheidung.

Basisregeln auf einen Blick:

>
- ✓ In Menschenhaut beißen – nein!
- ✓ In Kleidung beißen – nein!
- ✓ Möbel oder Leine anknabbern – nein!
- ✓ Betteln am Tisch – nein!

Ab zum Tierarzt!

1

Krankheitsanzeichen

> ✓ Antriebslosigkeit, Schlappheit
> ✓ Appetitlosigkeit
> ✓ Augen: tränend
> ✓ Durchfall, wiederholt auftretend, auch blutig, mit und ohne Erbrechen
> ✓ Erbrechen: wiederholt auftretend
> ✓ Fellbeschaffenheit: glanzlos, mit Schuppen oder kahlen Stellen
> ✓ Mager: dabei mit aufgeblähtem Bauch (Wurmbefall!)
> ✓ Husten
> ✓ Ohren: mit bräunlichen Verschmutzungen (Milben); häufiges Kratzen am Ohr, Schiefhalten des Kopfes
> ✓ Schnauze: verschleimt

Lebensqualität und Gesundheit gehören eng zusammen. Das gilt für Mensch und Tier. Kümmern Sie sich von Anfang an darum, dass Sie Ihren Welpen regelmäßig bei dem Tierarzt Ihres Vertrauens vorstellen. Ich schreibe ganz bewusst „Ihres Vertrauens". Es ist wichtig, bei dem Besuch in der Praxis ein gutes Gefühl zu haben: Der Arzt behandelt Ihren Welpen aufmerksam und liebevoll, nimmt erst mal Kontakt auf und erklärt Ihnen, was er gerade warum untersucht. Ein guter Tierarzt hat Zeit für Ihre Fragen. Machen Sie, genau wie bei Ihrem Hausarzt oder dem Kinderarzt für Ihren Nachwuchs, keine Kompromisse.

Nummer für Notfälle!

Zum Glück (Da klopfe ich schnell auf Holz!) musste ich bisher mit Jaden nur selten zum Tierarzt. Doch meine Erfahrung zeigt: Es ist gut, wenn man seine perfekte Tierarztpraxis gefunden hat. Ist der- oder diejenige jedoch nicht gerade bei Ihnen um die Ecke, dann suchen Sie sich einen zweiten Tierarzt in Ihrer Nähe. Und: Suchen Sie den nächstgelegenen Tiernotdienst heraus. Diese drei Telefonnummern und Adressen speichern Sie in Ihrem Telefon und Handy. Dann machen Sie sich einen großen Zettel fertig, auf dem Sie diese Telefonnummern in deutlicher Schrift notieren. Kleben Sie das Blatt z. B. innen in die Tür eines Küchenschranks.

2

1 Auf Welpen soll man stets ein waches Auge haben. Das gilt besonders für die ersten Lebenswochen, in denen man auch gesundheitliche Probleme schnellstmöglich erkennen muss.

2 Es ist gut, wenn Welpen viel gemeinsam in Bewegung sind. Fällt ein Welpe auf, weil er allein bleibt, extrem ruhig ist und nicht mitspielt, sollte sich der Tierarzt diesen Welpen ganz genau anschauen. Wichtig auch: Trinkt und frisst er genug oder lassen ihn die anderen vielleicht nicht an die Zitzen der Hündin?

Warum? In jedem Hundeleben gibt es irgendwann einen Notfall, bei dem wir Menschen nicht unbedingt „cool" oder durchdacht reagieren. Es ist ein riesiger Vorteil, hat man dann alle wichtigen Nummern und Ärzte parat!
Ein Tipp: Fragen Sie Ihren Tierarzt und sein Team nach Erste-Hilfe-Kursen für Hundebesitzer, und nehmen Sie daran teil. Danach wissen Sie, wie Sie richtig reagieren, was Sie tun können und was Sie für Notfälle immer zur Hand haben sollten – meine Empfehlung:

> Wundkompressen, Mullbinden, rutschfester Umverband
> Pinzette z. B. um Dornen zu entfernen
> Maulkorb oder Nylonbeißschutz – falls der Hund vor Schmerzen um sich beißt
> Wundheilsalbe, alkoholfreies Antiseptikum, sterile Kochsalzlösung
> Kühlpaket aus dem Eisfach bei Prellungen, Verstauchungen, Schwellungen
> Vanilleeis gegen Schwellungen in Maul oder Hals nach Insektenstichen
> Dose mildes Sauerkraut, falls Ihr Hund etwas Spitzes verschluckt

Welpengesundheit …

… zeigt sich am ganzen Körper, im Verhalten und in den Bewegungen. Darum kann es sinnvoll sein, den Welpen auch einem Hundephysiotherapeuten vorzustellen. Dieser kann anhand der Bewegungsabläufe erkennen, ob es körperliche Defizite gibt. Er bringt Ihnen Massagetechniken bei, um Ihren Welpen zu entspannen oder bestimmte Übungen, um seinen Körper zu stärken.
Das allgemeine Verhalten und die Reaktionen des ganz kleinen Welpen zeigen zudem, ob er eine gesunde sowie stabile psychische und physische Basis hat. Das sehen Sie auch als Hundeanfänger: Kommt der Welpe angstfrei auf Sie oder den Züchter zu? Lässt er sich anfassen und hochnehmen? Reagiert er auf seine Umgebung, auf Geräusche, Gerüche, Gegenstände? Spielt er mit seinen Wurfgeschwistern? Hat er klare Augen und schönes Fell? Frisst und trinkt er? Dann ist alles okay!

Was man nicht sehen kann, aber unbedingt berücksichtigen muss: Die Knochen und Gelenke eines Welpen sind noch sehr instabil, weich und wackelig. Vermeiden Sie darum im ersten Hundejahr rutschige Böden (legen Sie Teppiche aus), Treppensteigen (tragen Sie Ihren Hund hoch und runter), Touren am Rad und wilde Sprünge wie beim Spiel mit der Wurfscheibe.

Wichtig! Erkundigen Sie sich beim Züchter, ob die Welpeneltern HD-frei waren – HD (Hüftgelenksdysplasie) ist eine schwere Deformierung des Hüftgelenks, die schmerzhaft und stark bewegungseinschränkend für den Hund ist. Je älter er wird, desto stärker wird die HD. Bevor Sie mit Ihrem Welpen später Sportarten wie Agility trainieren, müssen Sie Ihrem Verein die Ergebnisse einer HD-Untersuchung vorlegen. Bei dieser Untersuchung wird der Hund unter Vollnarkose geröntgt, um die Hüfte in eine bestimmte überstreckte Position zu bekommen. Das Röntgenbild gibt dann Aufschluss darüber, ob es eine HD-Gefährdung gibt oder ob man sorglos sehr sportbetont trainieren kann. Wird dabei früh eine HD entdeckt, können Sie von Anfang an wirkungsvoll gegensteuern.

Der Check beim Doc!

Es hat sich bewährt, den Welpen nach seinem Einzug zügig dem Tierarzt vorzustellen. Dort bekommt er die Impfungen für seine Grundimmunisierung. Oft empfiehlt es sich auch, eine Wurmkur zu machen. Meist haben Sie einen Impfpass bereits vom Züchter mitbekommen, da die ersten Impfungen mit sechs bis acht Wochen anstehen.

Der Tierarzt schaut sich Ihren Welpen ganz genau an (Augen, Fell, Pfoten, Gebiss, Ohren, Genitalien) und checkt beim Rüden, ob beide Hoden bereits abgestiegen sind. Gibt es bei den Elterntieren bestimmte Krankheiten oder gesundheitliche Auffälligkeiten, sagen Sie es dem Tierarzt ohne Umschweife. Ein erfahrener Tiermediziner kennt die körperlichen Schwachpunkte jeder Rasse und schaut hier genauer nach. Falls nicht: Weisen Sie ihn bitte aktiv darauf hin!

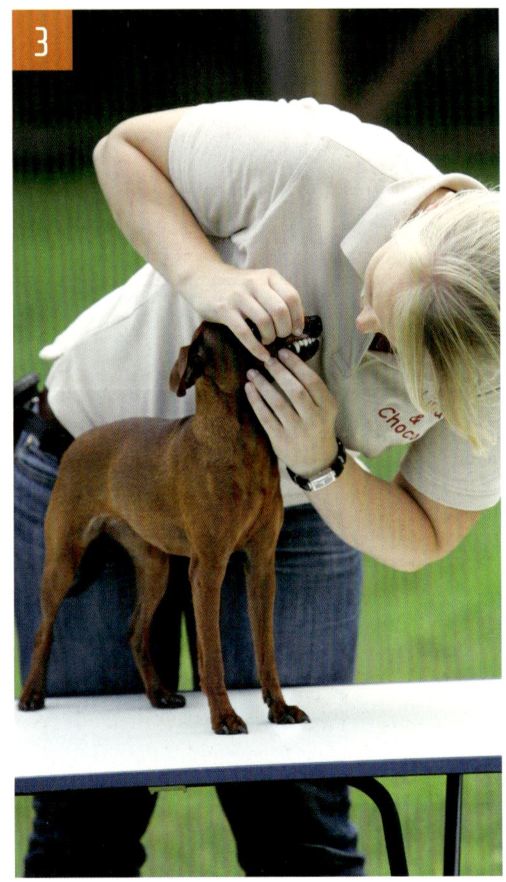

Der Welpen-Impfkalender

8. Lebenswoche:	Staupe, Hepatitis contagiosa canis (HCC), Parvovirose, Leptospirose
12. Lebenswoche:	Staupe, Hepatitis contagiosa canis (HCC), Parvovirose, Leptospirose plus Tollwut
16. Lebenswoche:	Staupe, Hepatitis contagiosa canis (HCC), Parvovirose, Tollwut
15. Lebensmonat:	Staupe, Hepatitis contagiosa canis (HCC), Parvovirose, Leptospirose plus Tollwut

Ob man diese und weitere Impfungen (z. B. gegen Zwingerhusten) wirklich jährlich wiederholt, wird stark diskutiert. Sprechen Sie offen mit Ihrem Tierarzt über seine Empfehlung und seine Begründung!

Quelle: VDH

Der Chip vom Doc!

Neben der Spritze für die Impfungen gibt es auch die Chip-Spritze. Mit dieser wird in die vordere linke oder rechte Seite des Hundes ein Mikrochip implantiert. Auf diesem Chip ist eine weltweit einzigartige Nummer gespeichert. Diese Nummer wird nun Ihrem Hund zugewiesen und Ihnen als Besitzer, mit Ihrer Adresse und Telefonnummer. Sorgen Sie dafür, dass beim Deutschen Tierschutzbund und bei der Tierregistratur TASSO diese Nummer und Ihre (immer aktuellen) Adressdaten hinterlegt sind. So findet Ihr Hund immer wieder zu Ihnen zurück, wenn er mal ausgebüxt sein sollte. Also halten Sie die Daten immer auf dem aktuellen Stand!

1 Lina und Choco zeigen, was sie zusammen geübt haben. Denn als Lina Choco als Junghund übernahm, konnte und kannte sie fast nichts. Inzwischen hat die kleine Zwergpinscher-Dame durch positiv bestärkendes Training viel gelernt – auch auf der erhöhten glatten Oberfläche stehen zu bleiben.

2|3 Wie beim Tierarzt steht der Zwergpinscher auf dem Tisch und lässt sich von Lina in die Ohren und ins Maul schauen. Alles okay!

4 Lina kontrolliert auf dem Tisch auch die Pfoten. Choco ist nicht begeistert. Einen kleinen Hund kann man dabei noch festhalten, ein großer Hund muss lernen, wirklich ruhig zu bleiben. Mein Tipp: Die Pfoten bitte nach jedem Spaziergang kontrollieren!

Der Welpe ist da Check

- ✓ Zeit nehmen, um den Welpen abzuholen!
- ✓ Urlaub nehmen für die Eingewöhnungszeit!
- ✓ „Familienrudel“ ja – Gäste bitte noch nicht!
- ✓ Tierarztbesuch – nicht nur zum Impfen!
- ✓ Kurze Spaziergänge, fester Löseplatz!
- ✓ Regeln & Verbote gelten vom ersten Tag an!
- ✓ Nachts Nähe schenken, mit weniger Schlaf rechnen!

Im Gespräch mit der Hundephysiotherapeutin Marion Wild

Marion Wild arbeitet seit Jahren als Hundephysiotherapeutin mit eigener Praxis und hat zum Treppensteigen der Welpen ihre ganz eigene Meinung.

Marion Wild: Die Gesundheit der Eltern sind für mich das A und O bei der Welpenauswahl, gerade beim Thema HD, also Hüftgelenksverformung. Mein Tipp ist, wirklich nur Welpen zu wählen, deren Eltern HD-frei sind. Und wenn in der gewünschten Rasse spezielle Gesundheitsprobleme vorliegen, muss man herausfinden, ob diese bei den Elterntieren aufgetreten sind.

Christiane Blenski: Selbst wenn die Eltern gesund sind, kann der Welpe krank sein. Wie erkenne ich das?

Marion Wild: Kranke Hunde haben ein mattes, stumpfes Fell. Die Augen sind trüb. Es zählt das Gesamtbild. Wie verhält und bewegt sich der Welpe plus: Wie sieht er aus?
Ganz wichtig finde ich, auch aus eigener, leidvoller Erfahrung mit meiner Hündin, das Gewicht. Der Welpe darf nicht mager oder am Po verschmiert sein – was auf Darmerkrankungen hinweist. Doch er darf auch nicht ins andere Extrem gehen. Gerade liebevolle Hobbyzüchter meinen es oft zu gut. Übergewicht belastet Rücken, Gelenke und Knochen viel zu sehr. Da rate ich, sehr gut aufzupassen. Und wenn der Welpe in Wachstumsphasen einen komischen Gang aufweist, ab zum Physiotherapeuten. Denn eine Schonhaltung ist schnell entwickelt und das kann fatal sein. Neben den eigenen Augen, sollte man der Nase trauen – riecht der Welpe aus dem Maul oder aus den Ohren? Dann können Entzündungen vorliegen.

Christiane Blenski: Was kann man als frischgebackener Welpenbesitzer so richtig schön falsch machen?

Marion Wild: Radfahren mit Hund. Das sollte man im ersten Lebensjahr komplett lassen. Der Körper des Welpen ist für diese Belastung gar nicht geschaffen. Gerade beim Radfahren macht der Hund Sprünge und der gesamte Bewegungsapparat bekommt Dämpfer. Das halten Gelenke, Bänder und Knochen nicht aus. Oft sehe ich, dass Menschen ihre Welpen bereits kleine Hochsprung-Kunststückchen machen lassen. Das ist für mich immer ein Albtraum. Und dann, ich betone das ganz bewusst, müssen Welpenbesitzer unbedingt auf die Futtermenge achten. Der Welpe soll kein Moppel werden. Bei der Wahl des Fressens empfehle ich, Welpen mit speziellem Welpenfutter zu versorgen. Da ist alles drin, was sie brauchen. Ich rate zudem, in extremen Wachstumsphasen besondere Zusatzstoffe zu geben. Dazu bekommt man eine Auswahl in jedem Tierfachgeschäft.

Christiane Blenski: Was ist mit dem klassischen Rat, dass Welpen keine Treppen steigen sollen?

Marion Wild: Ja, da habe ich eine ganz eigene Meinung und widerspreche damit den Tierärzten. Ich finde, Welpen und Junghunde dürfen und sollen Treppen steigen: kontrolliert und langsam, Stufe für Stufe. Das stärkt ihre Muskulatur enorm und schafft zudem Vertrauen zu Treppen. Ebenso rate ich übrigens: Lassen Sie den Hund so früh wie möglich schwimmen. Das stärkt seine Muskulatur. Ich habe die Erfahrung gemacht, wenn man Hunde nicht rechtzeitig ans Schwimmen heranführt, können sie sich später nicht mehr dazu überwinden.

Christiane Blenski: Stimmt, bei Jaden ist es genau so. Er ist im Dezember zu uns gekommen und wir haben um Wasser eher einen Bogen gemacht. Bis heute geht er maximal bis zum Bauch ins Nass.

Marion Wild: Bei meiner Hündin ist es ähnlich, und ich habe das von vielen Hundeleuten ebenfalls gehört. Natürlich, Labradors springen meist direkt rein, doch ich rate dazu, alle Rassen bereits in den ersten Monaten mit Wasser und dem Schwimmen vertraut zu machen. Doch zurück zu den Treppen: Man muss darauf achten, dass die Stufen nicht rutschig sind und eventuell einen Teppich über die Stufen legen. Das

gehört einfach dazu, wenn ich mich für ein Leben mit Hund entscheide, mich auf seine Bedürfnisse einzustellen. Bei Babys ist das allen klar. Bei Hundebabys denkt man immer, die passen sich schon an. Aber Sorglosigkeit an der falschen Stelle kann zu Verletzungen und Erkrankungen führen, mit denen man dann viele Jahre zu tun hat. Überlastung mutet man keinem Baby zu, warum einem kleinen Hund? Ich sehe gar keinen Unterschied. Denken wir an die Spaziergänge mit Welpe. Es gilt: lieber oft und kurz. Und: Was zeigt der Hund durch seine Körpersprache? Setzt sich ein Welpe auf dem Spazierweg hin, kann er einfach nicht mehr. Anders bei Hunden, die direkt nach der Haustür nicht weiterwollen. Da muss man motivierend dran arbeiten. Doch setzt sich ein Welpe nach, sagen wir mal, zehn Minuten Spaziergang hin, macht man eine Pause oder trägt ihn. Das ist nicht verwöhnen, sondern gut für die Gesundheit.

Christiane Blenski: Darf man Welpen auf Spaziergängen spielerische Abwechslung bieten?

Marion Wild: Auf jeden Fall. Auf Baumstämmen kann der Hund das Balancieren üben und damit das Gefühl für seinen Körper und seinen Gleichgewichtssinn verbessern. Mit dem klassischen Stöckchenwerfen wartet man, bis der Welpe stabil auf den eigenen Füßen steht.

Schöner leben mit Welpen

In Ruhe zu Hause >58

Im Gespräch mit der Züchterin Renate Albrecht >64

Allein bleiben lernen! >60

Das Sozialisationsfenster

Frischgebackene Hundebesitzer brauchen nicht viel Fachvokabular zu kennen. Doch das Wort „Sozialisation" lohnt sich zu verstehen und zu merken. Gerade vom „gut sozialisierten Hund" werden Sie öfter hören oder lesen. Damit ist meist gemeint, dass Ihr Hund mit seinen Artgenossen souverän und friedlich umgeht (weil er gelernt hat, mit ihnen so zu „sprechen", dass die Hunde sich von Anfang an gut verstehen). Doch die Sozialisation eines Welpen geht weit darüber hinaus. Im Zentrum steht die Gewöhnung an alles, was das Leben mit uns Menschen so mit sich bringt. Diese Zeit wird auch „Prägephase" genannt, weil der Welpe prägende Erfahrungen macht.

1

1 Ein Mensch mit großem Hut? Auch das muss der Hund kennen lernen und als ungefährlich einstufen.

2 Beim Üben mit dem Regenschirm bitte erst langsam den Schirm öffnen.

3 Mut belohnen! Tanja macht es richtig: stets Leckerlis parat haben – in der Hundeschule und im Alltag.

4 Schon als Junghund ein ausgeglichener Lebenspartner. Es lohnt sich, ihm in den ersten Wochen seine Umwelt behutsam vorzustellen.

2

3

Der gut sozialisierte Hund

Ein Hund ist nicht per se ein Menschenfreund oder kann per se mit anderen Hunden oder anderen Tieren, mit klappernden Rollläden oder aufgespannten Regenschirmen etwas anfangen. Daran muss er sich erst gewöhnen, das muss er kennenlernen und dann als positiv (oder zumindest „okay") speichern. Das Tolle ist: Welpen verfügen über ein weit offenes Sozialisationsfenster. Das heißt, sie sind in der Anfangsphase so bereit wie nie wieder in ihrem Leben, Neues zu beschnuppern. Das bedeutet allerdings nicht, dass man nun mit dem Welpen einfach so losspaziert und dann geht das Sozialisieren von allein. Ihnen sitzt ein Risiko im Nacken: die schlechte Erfahrung. Dafür haben Hunde ein Elefantengedächtnis. Wir Menschen sind also gefragt. Wir müssen behutsam und mit vielen Leckerlis in der Tasche dafür sorgen, dass Begegnungen mit Neuem richtig gut verlaufen. Das ist manchmal einfach, manchmal schwieriger, aber niemals unmöglich. Viele Hundebesitzer haben das vor Ihnen geschafft und auch Sie können das. Fehler, na klar, die macht jeder Mensch. Das Ziel ist hier wirklich ein lohnendes: ein gut sozialisierter Hund. Ein Vierbeiner, der cool auf seine Umwelt, auf fremde Menschen, auf andere Hunde und Tiere reagiert, ist die reinste Freude.

4

Was, wann, wieso?

Dr. Ian Dunbar gilt als Vordenker in Sachen Sozialisation und Welpenerziehung (sehr gut lesbar auch auf Englisch seine Ratgeber: „Before and after you get your puppy"). Allerdings findet man in der Hundefachliteratur nicht ganz einheitliche Zeitangaben für die verschiedenen Stufen der Sozialisation.

Mein Tipp: Wenn Ihr Hund zwischen der achten und zwölften. Lebenswoche zu Ihnen kommt, haben Sie ganz wichtige vier bis acht Wochen vor sich. Doch hören Sie auch bis zur zwanzigsten Lebenswoche nicht mit dem Sozialisationstraining auf – samt Begegnungen mit: Männern, Frauen, Kindern, Kinderwagen, Menschen mit Hut und Regenschirm, Joggern, Inline-Skatern, Partys, fremden Häusern, Innenstädten und Geschäften, Tierarzt und eventuell Tierfriseur (bei Rassen, die getrimmt werden müssen), Autos (auch: Mitfahren im Auto), klingelnden Fahrrädern, lauten Straßen, Straßenbahn oder Zug, anderen Tieren und: anderen Hunden! Mit Mülltonnen, Flatterband, knisternder Folie, mit Bodengitter sowie Gullideckeln.
Fügen Sie diesen Stationen hinzu, was in Ihrer Umgebung häufig vorkommt. Dann nehmen Sie sich für jeden zweiten Tag mit Ruhe etwas Neues vor. Bleiben Sie in der neuen Situation unbedingt wachsam. Falls eine Störung oder Überforderung droht, führen Sie Ihren Welpen zurück auf bekannte Wege. So kann Ihr Welpe das Erlebte in Ruhe verarbeiten.

Hunde sind okay!

Die wesentliche Sozialisation des Hundes findet zwischen der 2. und 15./16. Lebenswoche statt. Die ersten Wochen bei der Mutter sind also mitentscheidend. Ein verantwortungsvoller Züchter wird darum von Anfang an den Welpen an Neues heranführen. Wie können Sie das zu Hause vertiefen?

Artgenossen-Meeting

Als Welpe hat Ihr Hund mit Wurfgeschwistern oder mindestens seiner Hundemutter zusammengelebt – also mit Hunden, die ihm optisch sehr ähnlich sind. Jetzt muss er lernen, andere Artgenossen zu verstehen. Das geht in rassegemischten Welpenspielgruppen und mit gut sozialisierten und friedlichen ausgewachsenen Hunden. Diese „Artgenossen-Meetings" sind zentraler Bestandteil der Sozialisation, denn jede Rasse sieht anders aus – mal sind die Ohren klein, mal die Rute ganz kurz oder dauernd aufgestellt. Hunde benutzen ihren gesamten Körper, um sich dem anderen Vierbeiner verständlich zu machen. Aus diesem Grund muss Ihr kleiner Welpe den Dialog mit verschiedensten Rassen lernen und immer wieder üben.

Was Sie tun können

> Lassen Sie Ihren Welpen zunächst an der Leine.

> Schauen Sie auf den fremden Hund: Macht der sich klein, senkt er die Rute und den Kopf? Dann zeigt er die Gesten einer höflichen Hundebegrüßung und ist okay.

> Ihr Welpe begegnet dem fremden, aber friedlichen Hund nun ohne Leine. So kann er sich am besten ausdrücken.

> Beobachten Sie die Hunde, ohne sie anzustarren – bewegen Sie sich, damit keine ungewünschte Spannung aufkommt.

> Lassen Sie Bälle oder Stöcke aus dem Spiel – sonst könnte ein Konkurrenzkampf entstehen.

> Kommt Ihr Welpe immer wieder zu Ihnen, belohnen Sie ihn. Hocken Sie sich hin, sodass er bei Ihnen Schutz vor dem anderen Hund findet.

> Stoßen Sie fremde Hunde, die Ihren Welpen bedrängen, konsequent weg. Denken Sie an Ihre Elternrolle!

1|2 So ist es typisch: Ein Welpe wächst auf unter Hunden, die alle so aussehen wie er.

3–5 Die Begegnung mit anderen Welpen stresst den unerfahrenen Hund. Seine Unsicherheit zeigen Übersprungshandlungen – wie das Kratzen am Halsband.
Hier treffen sich drei, die nicht unterschiedlicher sein könnten: Border Collie, Bordeauxdogge und Weimaraner. Wie gut, dass sie als Welpen lernen, sich spielerisch gut zu verstehen.

- Rufen Sie Ihren Welpen zu sich. Kommt er nicht, gehen Sie hin und leinen ihn an. Gehen Sie mit ihm weiter.
- Belohnen Sie ihn, wenn er mit Ihnen kommt, und spielen Sie ein kurzes Spiel. So erlebt Ihr Welpe das Weggehen von seinen Artgenossen als etwas Positives – der erste Schritt zum wichtigen Signal „Komm!".
- Wird Ihr Welpe plötzlich angeknurrt oder wird ihm gedroht, versuchen Sie die Situation zu entspannen, indem Sie laut in die Hände klatschen. Geht das Drohen weiter: Werfen Sie die Leine oder einen dicken Stock zwischen die Vierbeiner.
- Achten Sie mit wachsamem Blick auf Ihren Welpen. Nehmen Sie ihn sofort aus der Situation, wenn sich Spannung aufbaut und gehen Sie mit ihm zügig weiter.

Kein Welpenschutz!

Vermeiden Sie große Hundetreffs, bei denen alles durcheinandergeht. Sie müssen unbedingt verhindern, dass Ihr Welpe in den ersten Monaten gebissen oder dauernd gemobbt wird. Das macht ihn sonst zu einem sehr ängstlichen oder gar angstaggressiven Vierbeiner. Es ist nämlich überhaupt nicht so, dass Ihr Welpe irgendeine Form von natürlichem „Welpenschutz" genießt. Die Beobachtung, dass ein Welpe sozusagen ungestraft Narrenfreiheit hat, gilt nur im eigenen Hunderudel – überhaupt nicht bei fremden Hunden.

1

2

3

Denken Sie daran: Sie sind für das Wohl Ihres Welpen verantwortlich wie Eltern – schützen Sie ihn also vor Gefahren, selbst wenn Sie sich dabei unbehaglich fühlen, weil die anderen Hundebesitzer so cool bleiben. Folgen Sie Ihrem Gefühl, und holen Sie Ihren Welpen aus unsicheren Situationen heraus. Wie? Gehen Sie beherzt hin, leinen Sie Ihren Welpen an und wandern Sie selbstbewusst mit ihm an eine andere Stelle. Greifen Sie ein, wenn andere Hunde bei Ihrem Welpen aufreiten. Dabei werden die Hüften viel zu sehr belastet. Die meisten anderen Hundebesitzer können das gut verstehen.

Rituale & Spiele

Zu friedlichen Hundebegegnungen gehören Rituale – die Hunde gehen nur in Bögen aufeinander zu, manchmal unterbrochen vom Hinlegen, halten die Rute tief, sie schauen sich nicht in die Augen, stehen eher schräg zueinander, und dann beschnüffeln sie sich. Damit versichern die Hunde sich gegenseitig, dass sie freundlich sind und durch den gegenseitigen Duft-

notencheck lernen sie sich kennen. Bei diesen Begegnungen klären die Hunde, wer von den beiden das Sagen hat. Ist das klar, geht es meist los: das wilde Spiel.
Im Spiel ist unter Hunden fast alles erlaubt. Die Vierbeiner üben dabei wichtige, auch jagdliche Verhaltensweisen und sie trainieren Sozialverhalten. Im Spiel testen sie neue Möglichkeiten, loten die Grenzen aus. Darum ist freies Spiel für Welpen eine tolle Möglichkeit, dazuzulernen. Auch für Ihren später ausgewachsenen Hund ist das Spiel mit dem Artgenossen immer wieder neu ein toller Trainingsplatz. Geben Sie ihm dazu Gelegenheit!

Welpen unter sich

Beim Fototermin für mein Buch „Hundesprache" kam eine kleine Truppe Welpen zusammen. Und wie haben die gespielt: Sie sind sich gegenseitig nachgelaufen, haben sich so ziemlich überall hingebissen, haben zusammen im Gras gelegen. Gerade das Nachlaufen und Raufen fördert die Kondition und körperliche Koordination. Doch dann kam ein lautes „Quietschen" und ein Spiel wurde abgebrochen. Einer der Welpen trollte sich und ließ sich nicht so schnell wieder zu einer Rauferei animieren.
Hunde lernen ja durch ihr Handeln – ist ihr Handeln ein Erfolg, wiederholen sie es. Ist es ein Misserfolg, lassen sie es in Zukunft bleiben. Reagiert also ein Welpenkollege mit Quietschen und Abbruch des Spiels, dann ist das ganz klar ein Misserfolg für die Mitspieler, die beim wilden Toben dem anderen zu rabiat geworden sind. So bringen die Welpen sich gegenseitig die Beißhemmung bei und werden in Zukunft vorsichtiger ihre Zähne einsetzen.

Hase, Katzen & Co.

Hunde reagieren instinktiv auf die Flucht anderer Tiere – indem sie ihnen hinterherjagen und sie sich schnappen. Wollen Sie Ihren Welpen nun an andere Kleintiere im Haushalt gewöhnen, machen Sie das ruhig und kontrolliert. Ihr Ziel sollte sein, dass die Tiere sich gegenseitig dulden – Freundschaften können Sie nicht erzwingen.
Was als Start gut funktioniert: Belohnen Sie Ihren Hund mit Leckerbissen, wenn er sich in der Nähe der anderen Tiere hinlegt. Beim gegenseitigen Beschnuppern sollte der Welpe an der Leine sein und Sie unbedingt immer nah dabei.
Bei Katzen ist es meist so, dass sie das Tempo der Annäherung bestimmen – und es zunächst auf ein gegenseitiges Dulden hinausläuft. Doch mit der Zeit können auch Katz' und Hund allerbeste Freunde werden.

1–3 Junge und erfahrene Hunde zusammen – so unterschiedlich können die Begegnungen aussehen. Während die Bordeauxdogge die Annäherung der Welpen gelassen zulässt, sagt der Deutsche Saupacker gleich durch sein Wegdrehen und Wegschauen: „Lass mich in Ruhe, Kleiner!"

4 Aussie Jaden und Rusky Toy Terrier Hugo sind Nachbarn und kennen sich seit Hugos Einzug. Obwohl Jaden deutlich zeigt, dass der junge Hüpfer erst mal groß werden soll, bevor er ihn ernst nimmt, ist Hugos Begeisterung für den großen Nachbarn ungebrochen. Er kommt vorsichtig, aber zu gern immer wieder ganz nah.

4

„Ich mag Menschen“

Hunde leben in der Menschenwelt. Menschen sind überall. Darum sorgen Sie aktiv dafür, dass Ihr Welpe ab dem Zeitpunkt seiner Ankunft bei Ihnen bis zur 16. Lebenswoche richtig gute Erfahrungen mit ganz unterschiedlichen Menschen macht. Und das geht so:

Freunde werden

Alle, die als Zweibeiner zum Familienrudel gehören, spielen mit dem Welpen, geben ihm zu fressen (am besten aus der Hand!), sie alle streicheln den Hund. Ideal ist es, dem Welpen körperlich nah zu sein. Setzen Sie sich häufig auf den Boden zu Ihrem Hund, oder legen Sie sich einfach hin – Ihr Hund wird sich gern zu Ihnen legen. Das knüpft ein festes Band zwischen Ihnen. Auch später, wenn Sie spüren „mein Hund ist mir gar nicht mehr so nah“, nutzen Sie dieses „Kontaktliegen“. Freunde zu werden heißt übrigens nicht, dass man seinem Vierbeiner alles erlaubt. Denken Sie wieder an Ihre Elternrolle: Setzen Sie Grenzen und bleiben Sie bei der Erziehung konsequent. Wenn nun nach einer guten Woche der Besuchsstopp aufgehoben ist, laden Sie immer wieder Gäste zu sich ein. Dabei achten Sie auf folgende Grundregeln:

> Die Menschen begrüßen sich immer zuerst. Achten Sie auch bei Ihren Gästen darauf.
> Die Begrüßung des Hundes leitet der Mensch ein. Springt der Welpe hoch, um Aufmerksamkeit zu bekommen, dreht der Mensch sich weg.
> Zur Begrüßung hockt der Mensch sich hin und ruft den Hund beim Namen.

1

> Der Mensch wartet mit abgewandtem Kopf und Blick, bis der Hund kommt und an ihm schnuppert. Die meisten Welpen sind sehr stürmisch. Ist der Welpe scheu, geben Sie ihm Zeit.
> Während der Begrüßung darf der Mensch den Hund streicheln und ein Leckerli geben – solange der Hund ruhig bleibt. Setzt er die Zähne ein oder springt doch hoch, steht der Mensch auf.
> Bevor der Hund das Interesse verliert, beendet der Mensch die Begrüßung.

Warum sind Regeln notwendig?

Ehrlich gesagt: für Sie. Hat Ihr Welpe verstanden, dass der Mensch bestimmt, wann er dran ist und dass Hochspringen, Bellen, Beißen, Zerren gar nichts nützt, dann beugen Sie dem Begrüßungschaos vor. Ich selbst habe mir mit meinem Hund viel erarbeitet, aber hier wirklich verpasst, konsequent zu sein, wenn Besuch kommt. Machen Sie es besser! Dafür muss man unbedingt Freunde und Familie einspannen, ihnen die richtige Begrüßungsreaktion erklären und dann üben, üben, üben.

2

1 Lars mit seinem Welpen Hugo auf dem Arm – der Terrier ist Kinder von Anfang angewöhnt.

2 So begrüßt man einen Welpen richtig: in die Hocke gehen und freundlich Kontakt aufnehmen. Bleibt der Welpe so ruhig wie der Border Collie auf dem Foto, hat er sich ein Leckerli verdient.

Mensch-Hund-Begegnungen

> Überlassen Sie bei Mensch-Hund-Begegnungen nichts dem Zufall – besonders nicht in den wichtigen Sozialisationswochen.
✓ Laden Sie nur wenige Leute ein.
✓ Machen Sie nur kurze 5-Minuten-Übungen, immer behutsam mit Rücksicht auf die Reaktion des Welpen – z. B. langsames Tanzen durchs Wohnzimmer, langsames Öffnen eines Regenschirms, der Besuch wechselt langsam die Plätze.
✓ Geben Sie Ihren Gästen klare Aufgaben und informieren Sie über Ziel und Zweck der Übung (Gewöhnung, positiv erleben, cool bleiben). Wird es Ihrem Welpen zu viel oder läuft etwas schief, greifen Sie sofort ein!

Ein bisschen verkleiden!

Wenn Ihr Welpe nun also Freunde, Familie und (wichtig!) auch die Nachbarn kennengelernt hat, sie freundlich und ruhig empfängt, dann gilt es, das Menschenmögen zu generalisieren. Schließlich: Menschen sind unterschiedlich – von klein bis groß, von jung bis alt, von Vollbart und Brille bis zu Glatzkopf mit Pfeife. Hunde sind sehr, sehr gute Beobachter und Details fallen ihnen auf. Machen Sie eine Liste von allen Menschentypen, die Ihr Hund noch nicht getroffen hat. Dann geben Sie Ihren Freunden Verkleidungen wie Hüte, lange Mäntel, Brille. Zudem bitten Sie Kinder verschiedenen Alters, dem Hund „Hallo!" zu sagen, ihm Leckerlis zu geben. Bitten Sie Männer oder Frauen auf dem Fahrrad, mit Regenschirm oder auf Inlinern, kurz und freundlich mit Ihrem Hund zu üben. Achten Sie darauf, dass die Kontaktaufnahme wie bei Ihnen zu Hause immer vom Menschen ausgeht und erklären Sie, dass der Mensch sofort aufstehen und sich wegdrehen soll, wenn der Hund zu aufdringlich wird. So vermeiden Sie, dass Ihr Hund zukünftig freudig zu allen Menschen rennt und um Aufmerksamkeit oder Futter bettelt.

Auf dem Spaziergang

Das eine ist das „Menschenmögen-Training", das andere ist das „Sich-unterwegs-nicht-ablenken-Lassen" – auch nicht von netten Menschen. Das Ziel ist: Ihr Welpe

1 Carina hat es geschafft, dass Chelsy ihr vertraut. Jetzt kann sie auch das Streicheln über den Kopf zu üben. Gut zu sehen, wie sie gleichzeitig ein Leckerli anbietet. Das gewöhnt den Hund an diese Streichelbewegung.

2 Wieder typisch Mensch: Gern legen wir die Arme um den Nacken des Welpen. Bei einem Vierbeiner, den wir gut kennen: kein Problem – wie man sieht. Bei fremden Welpen sollte man auf Umarmungen verzichten. Sie wirken auf Hunde eher bedrohlich.

Am Kopf streicheln

> Schauen Sie mal genau hin (auch bei sich selbst): Fast alle Menschen streicheln mit Vorliebe den Kopf des Hundes. Hunde mögen das nicht. Allerdings wird es nicht zu vermeiden sein, darum gewöhnen Sie Ihren Hund daran. Das einfachste Mittel: Wenn Sie, ein Gast oder ein Fremder den Hund am Kopf streicheln, füttern Sie ihm gleichzeitig einige Leckerlis. So verknüpft Ihr Hund das Kopfstreicheln mit etwas Gutem. Genau so gehen Sie vor, um Ihren Welpen an die Berührung von Pfoten, Zähnen, Ohren und am ganzen Körper zu gewöhnen – samt Schere und Zeckenkarte!

1

sucht bei allem, was ihm unterwegs begegnet, zuerst den Kontakt zu Ihnen. Darum nehmen Sie Ihren Welpen unbedingt an die Leine, wenn andere Menschen Ihnen begegnen. Das heißt: Sie rufen ihn freudig zu sich, leinen ihn an und stecken ihm ein, zwei Leckerlis zu oder spielen mit ihm ein kurzes Spiel mit einem Ball an der Schnur. Dann gehen Sie mit ihm weiter. In genau dem Moment, in dem ein fremder Mensch (auch als Jogger, Radfahrer oder Vater mit Kinderwagen) an Ihnen vorbeigeht, rufen Sie Ihren Hund beim Namen. Sobald er Sie anschaut: Lob plus Leckerli! Warum? Erstens können Sie später Ihren frei laufenden Hund zuverlässiger zu sich rufen. Zweitens nimmt Ihr Hund zuerst zu Ihnen Kontakt auf, wenn jemand anderes seinen Weg kreuzt. Drittens geben Sie Menschen mit Angst vor Hunden durch die Leine ein gutes Gefühl. Gerade das ist unverzichtbare Imagearbeit für den Hund, die jeder von uns Hundebesitzern leisten muss. (Ebenso wie das Auflesen der Hundehaufen – gerade mitten auf Wegen und sowieso immer in der Stadt!)

In Ruhe zu Hause

1

Die meisten Welpen sind der Wirbelwind in Person. Sie stecken voller Energie und sind neugierig. Wenn sie schlafen, schlafen sie sehr fest und manchmal von einem Moment auf den anderen. Doch wenn sie wach sind, sind sie hellwach. Ein Stück weit sollte man diese Power genießen, denn so herrlich quirlig wird Ihr Hund nicht bleiben. Allerdings muss man auch sagen: „Puh, ist das anstrengend!“ Ein Welpe will stets etwas machen. Bietet man ihm kein Spiel, keine kleine Trainingslektion, kein überzeugendes Kauspielzeug an, sucht er sich selbst einen Zeitvertreib. Da sind Welpen erfinderisch – vom Tapetenabreißen über Teflonpfannenperforieren und Mülleimerleeren bis zu unschönen Möbelschnitzereien. Die Unsinnpalette ist lang. Was hilft?

Rhythmus hilft!

Geben Sie den Hundetagen eine wiederkehrende Struktur: feste Fütterzeiten, feste Zeiten fürs Training, für die Fellpflege und für die Spaziergänge. Natürlich klappt das nicht alles sofort. Doch versuchen Sie, sich Tag für Tag mehr daran zu halten. Ihr Welpe entwickelt eine innere Uhr dafür, wann er dran ist und wann eben nicht.

Ruheplätze!

Ein Hundekorb ist nicht automatisch ein Ruheplatz. Darum bringen Sie Ihrem Hund bei, dass dort wirklich sein Schlafort ist. Tragen Sie den Welpen ausnahmslos dorthin, egal wo er zuvor eingeschlafen ist. Und: Lassen Sie den Welpen dort wirklich in Ruhe.

Auszeiten!

Nutzen Sie für das Ende jeder Beschäftigung mit dem Hund ein deutliches Signalwort. Ich sage: „Is‘ Schluss!“ Dabei stecke ich meinem Hund ein letztes Leckerli zu, und ab dann kümmere ich mich demonstrativ nicht mehr um ihn. Er hat so gelernt: Nach diesem Signal ist das Spiel, das Training, das Toben vorbei, und er trollt sich. Ideal ist, wenn Sie Ihren Hund im Haus zusätzlich in sein Körbchen schicken. Denn: Oft muss man einem Welpen wirklich helfen, wieder zur Ruhe zu kommen.
Ein wichtiger Tipp: Wenn Sie für eine Zeit Ruhe von Ihrem Welpen brauchen, dann können Sie zum einen eine Hundebox nutzen. Zum anderen machen Sie es dem Hund leichter, wenn Sie vor einer „Lass-

Türklingel-Alarm!

> Klingeln Sie bei sich. Immer mal wieder. Und bleiben Sie ruhig dabei. Was macht Ihr Welpe? Bleibt er auch ruhig? Sehr gut: freudiges Lob plus Leckerli. Regt er sich auf? Dann bleiben Sie doppelt so ruhig, ignorieren Sie wortlos und blicklos sein Bellen oder hektisches Umherlaufen. Belohnen Sie Ihren Welpen erst, wenn er ruhig ist. Das Ziel? Ihr Welpe lernt, innerlich entspannt zu bleiben. Und einen coolen Hund haben Sie schnell und einfach unter Kontrolle, gerade wenn ein hundeängstlicher Besucher nach dem Klingeln ins Haus kommt.

1 Was einem Welpen so alles einfällt, selbst wenn Sie nur kurz im Nebenzimmer sind. Sie werden überrascht sein! Vor allem die Zähnchen sind dauernd im Einsatz …

2|3 Besser: Sie überraschen Ihren Welpen mit einem tollen Spielzeug, das ihn für eine Weile beschäftigt – und von Dummheiten abhält.

mich-in-Ruhe"-Phase ein eher ruhiges Spiel oder einen ruhigen Spaziergang machen. Sonst ist Ihr junger Hund vom Toben noch viel zu aufgewühlt. Noch ein Tipp: Soll der Welpe relaxt z. B. mit im Arbeitszimmer liegen, machen Sie in diesem Raum konsequent nie ein Spiel oder Training mit ihm. So kommt er gar nicht erst auf die Idee, hier könnte etwas anderes als Schlafen angesagt sein.

Allein bleiben lernen!

Ihr Welpe ist ein Rudeltier. Zeit seines Lebens wird es für ihn unangenehm bleiben, allein zu sein. Ohne Training gibt es zwei ungewünschte Zustände: Ihr Hund wird zum nervtötenden Dauerheuler (die armen Nachbarn!) oder ziemlich vernichtend für einige Einrichtungsgegenstände. Durch das Alleinbleibtraining gewöhnt sich Ihr Hund von Anfang an daran, dass seine Menschen nun mal gehen – und wiederkommen.

Zwei-Zimmer-Training

Kommt der Welpe ins Haus, bleiben Sie natürlich 24 Stunden in seiner Nähe. Es ist ganz wichtig, dass er Vertrauen zu Ihnen aufbaut. Das Training beginnen Sie frühestens nach einer Woche und dann auch nur ganz sanft. Das heißt: Gewöhnen Sie Ihren Hund daran, dass Sie die Tür zwischen ihnen schließen. Erst nur für Sekunden, dann für Minuten. Bleibt Ihr Hund ruhig? Wunderbar. Beginnt er aber bereits jetzt zu heulen, zu bellen oder zu winseln, kommt die wichtigste Lektion für den Menschen: Sie müssen warten, bis Ihr Hund Luft holt und kurz still ist. Erst dann öffnen Sie wieder die Tür. Ihre Rückkehr wird zur Belohnung für seine Ruhe. Das prägt sich ein!

Jacke-an-Training

Hunde sind perfekte Menschenbeobachter. Sie lernen schnell: Der Griff zu der einen Jacke heißt Hundespaziergang, der Griff zur anderen Jacke heißt, Sie gehen ohne ihn weg. Sobald Ihr Hund dann die „falsche" Jacke an Ihnen sieht, beginnt seine Aufregung: „Himmel, jetzt lassen sie mich wieder allein!" Darum: Ziehen Sie immer mal wieder die Ausgehjacke an und setzen sich damit aufs Sofa oder den Balkon. Oder Sie schlüpfen kurz in Ihre Schuhe, gehen zur Haustür hinaus, schließen ab, gehen sieben Schritte und schließen dann wieder auf (immer in dem Moment, in dem Ihr Hund ruhig ist!). Dabei sagen Sie beim Abschied nur über Ihre Schulter: „Bis gleich", und wenn Sie wiederkommen nur kurz: „Hallo" und gehen zur Tagesordnung über. Das Ziel: Ihr Kommen und Gehen wird normal.

1 Schon Welpen beobachten uns Menschen ganz genau. Sie ziehen aus der Erfahrung ihre Schlüsse – auch ob wir da bleiben oder weggehen.

2|3 Schenken Sie vor dem Weggehen Ihrem Welpen Aufmerksamkeit und machen einen Spaziergang. So kann er sich bewegen und sich lösen. Allerdings: Keine actionreichen Spiele, die den Hund nur aufwühlen. Trotzdem bleibt ein Grundsatz wahr: Ein müder Hund ist ein braver Hund.

3

Tipp Allein gut beschäftigt!

> Füllen Sie kurz vor Ihrem Weggehen ein hohles Hundespielzeug (z. B. einen Kong) mit frischem Rinderhack – das herauszuschlecken beschäftigt Ihren Welpen und macht müde! Oder: Weichen Sie einen Kauknochen an einer Seite länger in milder Fleischbrühe ein (harte Knochen sind für aufgeregte Hunde oft nicht attraktiv). Schon schmeckt Ihrem Welpen das Alleinbleiben!

Zeitlos-ausdehnen-Training

Konnten Sie bereits eine Runde ums Haus oder in den Keller gehen, ohne dass Ihr Welpe heulend an der Tür kratzt, dann haben Sie es fast geschafft. Man sagt, Hunde haben kein echtes Zeitgefühl. Ab circa einer Dreiviertelstunde macht es für den Hund keinen Unterschied mehr, ob Sie eine oder drei Stunden weg sind. Denken Sie aber daran: Ihr Welpe braucht Sie und Ihre Nähe. Und so lange können Sie ihn natürlich nicht allein lassen! Verbringen Sie so viel Zeit wie möglich mit ihm. Er ist ein Baby, ein Kleinkind und liebevolle Gesellschaft gewöhnt. Zudem ist er über eine so lange Zeit noch nicht stubenrein. Natürlich: Wasser braucht er trotzdem immer! Müssen Sie für Stunden weg, bitten Sie Nachbarn, den Hund hinauszulassen oder bringen Sie ihn zu Freunden, die er schon kennt.

Sozialisation und Allein bleiben Check

- ✓ Sozialisationsfenster bis zur 16. Lebenswoche unbedingt nutzen!
- ✓ Welpen gewöhnen an: Hunde, Menschen, Geräusche und Gegenstände aller Art!
- ✓ Bei Mensch-Hund-Begrüßungen an Regeln halten!
- ✓ Aktiv Auszeiten und Ruhephasen einfordern!
- ✓ Allein bleiben langsam und schrittweise aufbauen & Knabberbeschäftigung vorbereiten!

Im Gespräch mit der Züchterin Renate Albrecht

Renate Albrecht züchtet seit 2001 Bordeauxdoggen (Zucht „Appellation d'Origine") und gibt ihren Welpenkäufern vor dem Hund einige Hausaufgaben mit.

Renate Albrecht: Züchterin wird man, wenn man von einer Rasse begeistert ist. Ich hatte ja vorher andere tolle Hunde, doch mit unserem ersten Bordeaux-Doggenrüden war sofort der Wunsch da. Allerdings ist der Weg zur Züchterin weit – vom ersten Rüden bis zum ersten Wurf hat es bei mir zehn Jahre gedauert.

Christiane Blenski: Wonach sucht ein Züchter die richtigen Menschen für seine Welpen aus?

Renate Albrecht: Bei mir ist das ganz viel Bauchgefühl, und ich stelle Fragen. Ich muss ja herausfinden, ob der Hund wirklich in das Leben der Menschen passt. Ich erkundige mich nach der Arbeit, nach Haus und Garten, nach der Familie. Die werden schon gelöchert. Wichtig ist mir vor allem die Einstellung: Der Hund muss einfach mehr sein als ein Hund – eben ein Familienmitglied.

Christiane Blenski: Und welche Fragen sollte ein Welpenkäufer beim Züchter stellen?

Renate Albrecht: Die ersten Fragen soll man sich selbst stellen: Werde ich der Rasse, für die ich mich interessiere, wirklich gerecht? Kann ich dem Hund das bieten, was er braucht – sei es Hundesport, viel Platz oder regelmäßige Beschäftigung. Den Züchter fragt man dann immer zuerst nach der Gesundheit und erkundigt sich, nach welchen Kriterien der Rüde ausgesucht wurde. Mir ist der kritische Welpenkäufer tausendmal lieber als der, der überhaupt gar nichts fragt – und solche gibt es, aber die bekommen von mir keinen Hund.

Christiane Blenski: Wonach werden denn Elterntiere ausgewählt?

Renate Albrecht: Man schaut: Welche Stärken haben Rüde und Hündin, welche Schwächen können sie gegenseitig ausgleichen, und aus welchen Blutlinien stammen sie. Und dann will ich den Rüden live erleben. Dafür fliege ich auch ins Ausland oder fahre weite Strecken. Entscheidend sind am Ende diese vier Aspekte: Wesen, Gesundheit, Ahnen – und Schönheit.

Christiane Blenski: Sieht man als Züchter seine Welpen später wieder?

Renate Albrecht: Oh ja! Das ist mir ganz wichtig und das Angebot mache ich immer. Viel passiert da per Mail, ich bekomme regelmäßig Fotos und organisiere jährlich Welpentreffen hier bei uns. Nicht alle Welpenkäufer wollen einen engen Kontakt halten, aber die meisten nehmen das gern an – da gibt es zum Teil sogar wöchentliche Telefonate. Diese Welpenkäufer allerdings sind längst Freunde geworden. Das Glück, diesen hundebegeisterten Menschen zu begegnen, die ich, ohne Züchterin zu sein, nie getroffen hätte, das ist für mich eine ganz starke Motivation weiterzumachen. Und ich gebe zu, wenn mich die Welpenkäufer auch Jahre später noch um Rat fragen, nehme ich das als Kompliment.

Christiane Blenski: Welche Tipps gibt der Züchter den Welpenkäufern mit für die ersten Tage und Wochen?

Renate Albrecht: Also, ich gebe vor allem große Futterpakete mit. Dazu muss ich allerdings sagen, meine Welpenkäufer müssen zuvor ihre Hausaufgaben machen: Sie müssen sich selbstständig sachkundig machen über Futtersorten, müssen einen guten Tierarzt finden und im Vorfeld Hundeschulen besuchen und mir sagen, wohin sie mit dem Welpen gehen wollen – und ich schaue dann, ob sie dort gut aufgehoben sind. Schließlich habe ich selbst die Hundeschule „Dogs in Motion" und nehme Hundeerziehung sehr ernst. Gerade unsere großen Bordeauxdoggen muss man gut erziehen, damit sie vom Umfeld akzeptiert werden. Wenn ich meine Welpen abgebe, rate ich vor allem: Lassen Sie es ruhig angehen, nicht gleich die ganze Verwandtschaft einladen und lassen Sie dem Welpen seine

ungestörten Ruhephasen – sonst hat man später einen daueraufgedrehten Hund. Und für die Prägephase gebe ich einen Handzettel mit, auf dem alle Umweltreize stehen, an die ein Welpe in den nächsten vier bis sechs Wochen gewöhnt werden muss. Zudem rate ich, den Hund nach einigen Tagen einem Tierarzt vorzustellen und mit ihm das weitere Impfen und Entwurmen zu besprechen und gleich auch die Termine dafür zu machen.

Christiane Blenski: Wo hat der Einfluss eines Züchters auf das Leben „seines" Welpen Grenzen?

Renate Albrecht: Das Thema liegt mir sehr am Herzen, denn es ist so: Züchtet man mit Papieren, gibt es vor der Abgabe der Welpen eine offizielle Zuchtabnahme. Da steht genau drin, ob der Welpe zu diesem Zeitpunkt – also mit acht Wochen – gesund ist und alle Merkmale aufweist, um später zur Zucht zugelassen zu sein. Und das ist der Punkt, an dem mein Einfluss endet: Ich wähle die Eltern nach wirklich bestem und geschultem Wissen und Gewissen aus und lasse jeden Welpen gründlich untersuchen. Wenn er nach der Abgabe krank wird, bin ich gern die erste Ansprechpartnerin für die Welpenkäufer, doch ich kann nichts dafür. Es liegt nicht in meiner Macht. Einhundertprozentige Gesundheit kann auch die intensivste Vorauswahl nie garantieren.

Vorschule für Ihren Welpen

So lernt Ihr Welpe!

Meine Empfehlung: In den ersten Wochen mit Welpe geht Ihr Trainingsengagement weniger in Richtung „Sitz!“, „Platz!“ & Co. Vielmehr konzentrieren Sie sich auf die wenigen Wochen der Sozialisationsphase. Auch die wichtigen Regeln im Haus (z. B. nicht aufs Sofa, nicht in die Küche und ein „Nein!“ ist ein „Nein!“) gelten ab sofort. Danach, langsam und konsequent, können Sie mit der „kleinen Vorschule“ beginnen.

Versuch – Erfolg!

Eines der besten Bücher über das Lernen des Hundes hat Sabine Winkler geschrieben mit „So lernt mein Hund“. Hier erklärt sie haargenau, wie ein Hund lernt, wie er auf Strafen, wie auf Belohnungen reagiert. Die zentrale Erkenntnis: Ein Hund lernt durch Versuch und Irrtum. Ist sein versuchsweises Handeln für ihn erfolgreich, wiederholt er es. Ist sein versuchsweises Handeln für ihn ein Misserfolg, vermeidet er es in Zukunft. Was ist für einen Hund denn ein Erfolg? Fressen, Zugang zu anderen Hunden, Schnüffeln, Aufmerksamkeit! An der Aufzählung merken Sie, diese Folgen können wir Menschen beeinflussen. Durch Futterbelohnungen, durch Lösen der Leine oder ein

nettes Wort an den Hund. Wenn man also weiß, dass ein Hund die Handlung oder das Verhalten wiederholt, das für ihn gut endet, dann sorgen wir doch für etwas Gutes – z. B. mit einem Leckerbissen. Darum zitiere ich gern den Hundeverhaltensexperten Rolf C. Franck: „Erwischen Sie Ihren Hund immer dabei, wenn er etwas richtig macht."
Zum Lernverhalten des Hundes gehört ein dritter Aspekt: die Verknüpfung, also die Verbindung von zwei Dingen. Das geht so: Sie sagen immer wieder genau in dem Moment, in dem sich der Popo des Welpen zu Boden senkt, deutlich „Sitz!" So verknüpft Ihr Welpe das Wort mit seinem Verhalten (dem Senken des Popos).

> Wollen wir, dass unser Welpe etwas öfter macht, belohnen wir ihn.
> Wollen wir, dass unser Welpe etwas nicht macht, was dann?

Strafe oder nicht?

Niemals, niemals, niemals, niemals, niemals, niemals bestrafen Sie Ihren Welpen oder ausgewachsenen Hund körperlich! Keine Schläge (auch nicht mit der Leine oder der Zeitung) und auf gar keinen Fall Nackenschüttler oder ins Ohr beißen. Das sind falsche Märchengeschichten und nachweislich weder Erziehungsmittel bei Wölfen noch bei Hundemüttern. Oft wird auch der „Alphawurf" empfohlen. Bei diesem soll man den Welpen auf den Rücken rollen und sich über ihn hocken, um ihm zu sagen: „Der Boss bin ich!" Vergessen Sie das, denken Sie stattdessen an ihre verantwortungsvolle Elternrolle. Schon wird klarer, wie eine Strafe aussehen kann – sie hängt von der Situation und dem gewünschten Erfolgsziel Ihres Hundes ab.

Ein praktisches Beispiel: Ihr Welpe sieht andere Hunde, möchte dorthin und zieht wie verrückt an der Leine. Zu einem Erfolg wird sein Handeln, wenn Sie sich mitziehen lassen und Ihr Welpe so die anderen Hunde erreicht. Ein Misserfolg wird sein Handeln, wenn Sie wie festgewurzelt stehen bleiben und er nirgendwo hinkommt. Oder: Ein Misserfolg wird sein Handeln, wenn Sie mit Beginn des Ziehens um 180° kehrtmachen und mit ihm an der Leine in die exakte Gegenrichtung gehen. Nun der zweite Schritt: Sobald Ihr Hund wieder normal an der Leine geht, können Sie sich weiter aufmachen in Richtung der anderen Hunde. Das ist dann wieder die perfekte Belohnung. Diese superpositive Folge seines (von Ihnen gewünschten) Handelns wird er sich merken: ziehen = Misserfolg, ruhig an der Leine gehen = Erfolg.

Genau so funktioniert es in anderen Situationen: Bellt Ihr Hund Sie an, weil er Aufmerksamkeit will? Drehen Sie sich deutlich weg, ignorieren Sie den Hund, gehen Sie in ein anderes Zimmer. Sein Bellen wird zum Misserfolg. Wird Ihr Hund ruhig, wenden Sie sich ihm zu. Seine Ruhe bringt ihm den Erfolg. Das merkt er sich. Meist ist es so, dass Ihr Welpe nach einigen konsequenten Wiederholungen das gewünschte Verhalten verinnerlicht. Allerdings: Er wird Ihre Konsequenz immer wieder auf die Probe stellen.

Klicker – für Schnelllerner!

Haben Sie schon davon gehört? Vom Klickern oder Klickertraining? Es wurde für das Training mit Tieren entwickelt, die man nicht unmittelbar belohnen kann: Delfine beispielsweise. Wie bringt man sie dazu, durch einen Reifen zu springen? Das klappt dank „klassischer Konditionierung". Die können Sie für Ihren Welpen sehr gut und einfach nutzen mit dem Klicker – einer Art Knackfrosch in einem kleinen, handlichen Kästchen. Nun konditionieren Sie Ihren Hund: Geben Sie ihm nach jedem Klick ein kleines Leckerli. Ideal finde ich Kaustreifen, die man in ganz kleine Stückchen zerteilt. Also: Klick – Lecker, Klick – Lecker, Klick – Lecker, Klick – Lecker. Hocken Sie sich vor Ihren Welpen und machen Sie das 15 bis 20 Mal. Das Ziel: Ihr Hund verknüpft mit dem Klickgeräusch, dass er etwas Gutes bekommt.

Nun testen Sie: Sie legen für den Hund sichtbar ein Leckerli in Ihre rechte Hand und strecken den Arm aus. Zunächst schaut Ihr Welpe bestimmt zu Ihrer „leckeren" Hand. Doch irgendwann wird er versuchsweise Sie ansehen. In exakt diesem Moment klicken Sie und geben Ihrem Hund die Belohnung. Wiederholen Sie diese Übung.

Sie werden erleben, Ihr Hund lernt schnell, dass der Blick in Ihre Augen es ist, der ihn an das Leckerli in Ihrer rechten Hand bringt. Sind Sie so weit gekommen, können Sie den Klicker bei jedem Training einsetzen. Soll Ihr Hund ruhig an Ihrer Seite gehen, dann klicken Sie in exakt dem Moment, in dem er so läuft, wie Sie es wollen, und zücken Sie dann die Belohnung.

Der Vorteil beim Klickern ist, dass Sie genau den richtigen Moment erwischen. Ihrem Hund wird viel eindeutiger klar, welches Verhalten Sie belohnen. Belohnung und Verhalten werden schnell verknüpft. Dazu kommt die Verknüpfung mit dem Signalwort: Läuft Ihr Hund ruhig neben Ihnen, sagen Sie „Fuß!" und klicken dann. Oder schaut Ihr Hund Sie an, sagen Sie „Schau!" und klicken. So lernt Ihr Hund durch positive Bestärkung – also durch Belohnung des richtigen Verhaltens. Das funktioniert übrigens (ohne Klicker natürlich) wunderbar bei Kindern und unordentlichen Ehepartnern, die man gerade beim Aufheben einer Socke „erwischt" – exakt in dem Moment: Kuss & loben! Klickern zum Selbsttesten: Ihr Partner bringt Sie durch klickende Bestätigung dazu, etwas Bestimmtes zu tun.

1

1 Langeweile? Kommt mit dem Klickern nicht mehr auf! Probieren Sie es doch einmal aus. Ihr Welpe wird begeistert mitmachen.

2 Iris und ihr junger Schäferhund Tessa haben sich mit „Klick!" plus Leckerli viele Dinge in wenige Monaten erarbeitet.

3 Tessa ist also darauf konditioniert, dass das kurze Klickgeräusch ihr sagt: „Gerade jetzt hast Du es genau richtig gemacht!"

„Sitz!“

Hallo und herzlich willkommen beim ersten Trainingsziel: dem „Sitz!“ Sind Sie vom Inhaltsverzeichnis direkt hierhergesprungen, dann bitte ich Sie um ein kurzes Zurückblättern zu Seite 68. Denn: Bevor Ihr Welpe etwas einübt, müssen Sie verstehen, wie ein Hund lernt. Für alle anderen: „Los geht's!“

Methode 1: „Sitz!“ herbeiführen

Die klassische Methode, um mit Ihrem Welpen „Sitz!“ zu üben, geht so: Steht er vor Ihnen, dann halten Sie ein duftendes Leckerli über seinen Kopf und führen es langsam nach hinten. Ziemlich schnell geschieht das: Ihr Hund hebt sein Kinn höher und höher, um dem Leckerli in Ihrer Hand zu folgen. Wie automatisch senkt er dabei den Po zu Boden. Passiert das, loben Sie Ihren Welpen und geben ihm das Leckerli, sobald

1 Tanja hat das Leckerli wie bei Methode 1 über den Kopf ihres Welpen geführt. Das gewünschte Ergebnis: Joyce sitzt.

2 Nach einigen Wiederholungen führt Tanja das Signalwort und auch das Handzeichen ein: der erhobene Zeigefinger.

3 Gut gemacht: Die Belohnung hat sich der junge Labrador-Mix verdient. Gut ist auch, dass Tanja sich vor den Hund hockt und nicht immer nur von oben herab die Leckelis gibt.

4 Zufriedener Mensch, zufriedener Hund. Mit jeder Belohnung wird auch Joycy selbstbewusster und souveräner.

er sitzt. Wiederholen Sie nun diese Übung drei, vier Mal, dann machen Sie eine Pause. Am nächsten oder übernächsten Tag wird Ihr Hund sich setzen, sobald Sie das Leckerli über seinen Kopf halten. Dabei können Sie ein Handzeichen für „Sitz!" einführen: den Zeigefinger der Hand ausstrecken, in der Sie das Leckerli halten. So verknüpft Ihr Hund Ihren ausgestreckten Zeigefinger mit dem Hinsetzen. Als letzten Schritt führen Sie das Signalwort ein. Sagen Sie deutlich „Sitz!", während Ihr Hund den Po senkt. Sind Sie sicher, Ihr Hund hat alles richtig verknüpft, dann machen Sie den Test. Sagen Sie unvermittelt: „Sitz!" und heben den Zeigefinger. Ihr Hund setzt sich? Perfekt!

Leckerlis für immer?

Nach einigen Übungstagen lassen Sie das Leckerli zunächst in der Tasche und zücken es erst nach dem erfolgten „Sitz!" Dann bauen Sie die Belohnung ab, indem Sie in unvorhersagbarer Reihenfolge mal belohnen, mal nicht. Das Ziel: Das gute Ausführen des „Sitz!" wird unabhängig davon, ob Sie ein Leckerli dabeihaben oder nicht.

Methode 2: „Sitz!" abwarten

Bei dieser Methode wartet man ab, wann der Hund sich von selbst hinsetzen will. In diesem Moment wird man aktiv und sagt zeitgleich mit dem Senken des Pos das Signalwort „Sitz!", hebt den Zeigefinger und lobt den Hund anschließend. So lernt Ihr Welpe das „Sitz!" fast wie von allein, gerade wenn Sie mit dem Klicker arbeiten und exakt in dem Moment klicken, in dem Ihr Hund sich setzt. Das gibt Ihnen einen eindeutigen Trainingsvorsprung! Diese Klicker-Art gehört zum „Shaping".

Auflösewort „Okay!"

> Für Signale von „Sitz!" bis „Bei Fuß!" gilt: Es gibt einen vereinbarten Anfang und ein klar definiertes Ende – durch das Auflösewort. Erklingt aus Ihrem Mund dieses Signal („Okay!" oder „Fertig!"), darf der Hund sich trollen. Steht Ihr Hund z. B. vorab aus dem „Sitz!" auf, bringen Sie ihn kommentarlos wieder auf seinen „Sitz!"-Platz. Nun warten Sie einen Moment, dann erst lösen Sie das Signal mit Ihrem „Okay!" auf. Ja, dabei müssen wir Menschen uns konzentrieren, doch im Alltag ist es eine große Hilfe, zu wissen: Mein Hund bleibt zuverlässig dort, wo ich ihn hingeschickt habe.

4

„Platz!“

Mit „Platz!“ können Sie Ihren Hund unter Kontrolle bringen – und das für andere gut sichtbar. Gerade bei hundeängstlichen Menschen und vorbeisprintenden Joggern werden Sie ordentlich Pluspunkte sammeln und überzeugende Werbung für erzogene Hunde machen.

„Platz!“ lernen

Rufen Sie Ihren Welpen zu sich. Wenn er vor Ihnen steht oder sitzt und Sie anschaut, geht es los mit der Lektion. Sie legen für den Welpen sichtbar ein Leckerli in ihre rechte oder linke Hand. Dieses Leckerli klemmen Sie mit dem Daumen unter die Handinnenfläche. Strecken Sie nun Ihre Hand flach aus und senken Sie sie langsam zu Boden. Das Ziel ist: Die Nase des Welpen folgt der Hand, die schließlich am Boden liegt und das Leckerli verdeckt. Um an das Leckerli heranzukommen, wird Ihr Hund den Kopf und dann den ganzen Körper zu Boden senken – sich hinlegen. Genau in diesem Moment geben Sie das Leckerli frei. Während Sie die Übung wiederholen, versteht auch Ihr Welpe bald die Bewegung Ihrer Hand als Signal, sich hinzulegen.

„Platz!“ mit Signalwort

Jetzt gibt es zwei Veränderungen: Sie legen die Hand nicht mehr auf den Boden, sondern Sie strecken stehend nur noch Ihren Arm nach unten. Und Sie führen Ihr Signalwort ein. Sie senken dafür Ihre Hand und sagen dabei „Platz!“ (ein sehr deutlich „Plah-hatz!“). So verknüpft Ihr Welpe sein Hinlegen mit dem Wort. Sind Sie nach einigen Tagen sicher, dass Ihr Welpe alles richtig verstanden hat, geben Sie ihm zuerst das Wortsignal und belohnen Ihren Hund ausführlich, wenn er sich daraufhin hinlegt. Nutzen Sie ruhig zeitgleich das Handsignal: die flache Hand.

„Platz!“ mit Miniwelpen

Üben Sie am Treppenabsatz: Ihr kleinrassiger Welpe steht oben und Sie auf der Treppe nach unten. Führen Sie nun Ihre Hand mit dem verdeckten Leckerli hinunter bis zur ersten Abwärtsstufe. So wird sich auch der kleinste Hund auf den Boden legen, um dann mit der Nase ans tiefer liegende Leckerli unter Ihrer Hand zu gelangen!

1

1 Stephan zeigt hier mit seinem wirklich jungen Spring-ins-Feld den Weg zum sicheren „Platz!“.

2|3 Zunächst noch mithilfe des Leckerlis bringt Stephan seinen quirligen Dalmatiner-Welpen Lucky wieder und wieder zum Liegen auf den Boden.

4 Jetzt ist es so weit: Der Dalmi hat verstanden, was das Zeigen der flachen Hand bedeutet – Lucky legt sich hin.

„Platz!“ für Fortgeschrittene

Steigern Sie die Anforderungen! Achten Sie darauf, dass Ihr Welpe sich prompt hinlegt. Das heißt: Nur wenn er schnell reagiert, wird er belohnt. Oder: Sie belohnen Ihren Junghund nur noch dann, wenn er sich wirklich ganz gerade hinlegt (beide Vorderbeine parallel ausgestreckt, ohne den Körper zur Seite wegzukippen). Denken Sie beim Üben daran, einige Schritte Abstand zwischen sich und Ihren Welpen zu bringen und ihn dann ins „Platz!“ zu schicken. So lernt er „Platz!“ auf Distanz, was gerade beim Freilauf in Straßennähe schon viele Hundeleben gerettet hat.

Ein letzter Tipp: Üben Sie „Sitz!“ und „Platz!“ getrennt voneinander. Sonst gibt es den ungewünschten Automatismus, dass Ihr Hund aus dem „Sitz!“ von allein ins gemütlichere „Platz!“ wechselt. Denken Sie daran, das „Platz!“ mit Ihrem Auflösewort („Okay!“ oder „Fertig!“) zu beenden. Schließlich nützt es nichts, wenn Ihr Welpe perfekt im Kurzzeit-Liegen wird. Gerade beim „Platz!“ soll der Hund ja meist länger verharren. Bleiben Sie konsequent!

„Bleib!“

Das „Bleib!“ verankert Ihren Welpen in der Position, in der er sich gerade befindet – also im „Sitz!“ oder „Platz!“ Auch wenn Ihr Hund in diesen Haltungen ohnehin Ihr Auflösewort abwarten sollte, ist das „Bleib!“ die noch klarere Ansage: Das dauert jetzt etwas! Zudem können Sie nach gelungenem „Bleib!“-Training von Ihrem Hund weggehen und sich darauf verlassen: Er sitzt! Das ist ideal gerade für das Warten vor Geschäften oder wenn in Ihrem Haushalt häufig viele Kinder durch die Gegend flitzen und Sie sicher sein können: Ihr Hund bleibt liegen. Also, arbeiten Sie dran – ab heute!

Der Anfang ist gemacht!

Die Basis für das „Bleib!“-Training haben Sie bereits gemeinsam erarbeitet mit „Sitz!“, „Platz!“ und „Fertig!“ (oder: Okay!). Nun zeigen Sie Ihrem Hund, es ist völlig in Ordnung, wenn Sie sich von ihm entfernen, während das gegebene Signal noch immer gilt – selbst wenn Ihr Welpe Sie nicht mehr sieht. Das trainieren Sie so: Ihr Welpe liegt oder sitzt – je nach Ihrem Signal – vor Ihnen.
Sie haben ihn dabei an der langen Leine, um schnell korrigieren zu können.
Sie gehen jetzt ein, zwei, drei Schritte zurück und sagen dabei mit sanfter und deutlicher Stimme: „Bleib!“ (ruhig lang gezogen: „Blei-heib!“). Dann gehen Sie wieder zurück zu Ihrem Welpen und belohnen ihn. Erst danach sagen Sie das Auflösewort und der Hund darf aufstehen.

1 Iris übt mit Tessa, seit sie den Schäferhund als Welpe übernommen hat. Ihr Training zahlt sich aus, denn die verspielte Tessa geht auf das Handzeichen ins „Platz!".

2 Nun geht Iris zurück und hebt dabei die flache Hand als Signal für „Bleib!"

3 Bonny liebt ihren Liegeplatz. Dort zu bleiben, ist für sie wirklich easy.

4 Im „Sitz!" zu verharren, fällt Bonny schwer. Sie behält ihr Frauchen Marion immer im Blick und wartet auf das erlösende „Okay!"

Mensch, ich steh auf!

Diese Abfolge üben Sie immer mal wieder über den Tag und die nächsten zwei Wochen verteilt. Vergrößern Sie die Distanz zu Ihrem Hund – drehen Sie ihm auch den Rücken zu oder verschwinden kurz um eine Ecke. Reicht dafür die Länge der Leine nicht aus: Leinen Sie Ihren Welpe an einem Zaunpfahl oder Treppengeländer an.

Verlässt Ihr Hund seinen Sitz- oder Liegeplatz während der Übung, dann greifen Sie sofort ein. Bringen Sie ihn schweigend(!) an den ursprünglichen Platz, sagen Sie Ihr Signalwort und trainieren Sie weiter das „Bleib!".
Allerdings: Verkleinern Sie jetzt den Abstand, damit Ihr Hund wieder sicher wird, was genau Sie von ihm erwarten.

Aus den Augen ...

Wollen Sie jetzt länger außer Sicht des Hundes bleiben, fragen Sie einen Helfer. Er behält Ihren Hund im Blick. Es empfiehlt sich, das „Bleib!" zunächst in Haus und Garten zu üben – ohne Ablenkung und mit Leine. Erst wenn es hier sicher klappt, üben Sie, wenn Menschen vorbeigehen, Kinder vorbeilaufen oder Hunde in Sicht sind.
Wichtig ist bei jeder Schwierigkeitsstufe: belohnen, belohnen, belohnen! Ihr Welpe wird es so tatsächlich mögen, auf Sie zu warten. Denn: Die Folge seines Handelns ist für ihn ein Erfolg!
Übrigens: Natürlich können Sie das „Bleib!" auch aus der Distanz heraus auflösen. Sie sind um die Ecke verschwunden und dann rufen Sie Ihrem (dann natürlich unangeleinten) Hund zu: „Okay!" Kommt er jetzt zu Ihnen gerannt, zücken Sie einen Ball oder einen Kong für ein Spiel. Denn: Eine Belohnung hat sich Ihr Welpe jetzt verdient. Viel Spaß!

„Komm!“

Um mit Ihrem Welpen „Komm!" zu üben – also das direkte Zu-Ihnen-Laufen, wenn er unangeleint ist – können Sie Folgendes sofort vergessen: mit Bällen locken, mit Leckerlitüten rascheln, das „Komm!" immer lauter, häufiger, ärgerlicher brüllen. All das bringt Ihnen auf gar keinen Fall den gewünschten Langzeit-Lerneffekt. Besser ist etwas ganz anderes, was Sie vielleicht überraschen wird: weglaufen, verstecken, auf dem Boden scharren. Aha, das hätten Sie jetzt nicht gedacht? Dann erkläre ich Ihnen, was dahintersteckt.

Vor dem „Komm!“

Damit Ihr Welpe tatsächlich zu Ihnen gelaufen kommt, müssen Sie ihm zuvor zeigen, dass es stets eine angenehme Folge für ihn hat, bei Ihnen zu sein. Es ist also gut, wenn

Sie mit Ihrem Hund nicht nur auf dem Spaziergang Zeit verbringen. Schenken Sie Ihrem Welpen und später ebenso Ihrem ausgewachsenen Hund viel Aufmerksamkeit über den Tag verteilt. Dabei können Sie Ihren Hund ausgiebig streicheln oder gar massieren, Sie können mit ihm spielen oder mit dem Klicker neue Tricks einüben. Ebenso können Sie ihm das Futter aus der Hand geben, statt es nur in den Napf zu schütten und hinzustellen. Mit diesen einfachen Mitteln stärken Sie nachhaltig die Bindung zwischen Ihrem Welpen und sich. Das bedeutet: Ihr Hund wird mehr auf Sie achten, wird Ihre Nähe als angenehm empfinden und Ihre Signale gern umsetzen.

Dazu kommt: Lassen Sie für Ihren Hund den Spaß nicht erst beginnen, wenn Sie die Leine lösen und er frei laufen kann und andere Vierbeiner trifft. Gerade an der Leine kann man toll mit dem Hund etwas machen – kurze Sprints einlegen oder überraschende Richtungswechsel, man kann mit einem Ball an der Schnur spielen. Nutzen Sie das! Im Alltag werden Sie Ihren Hund sehr oft mit „Komm!" zu sich rufen, wenn Sie ihn an die Leine nehmen wollen. Bedeutet das Anleinen für den Hund aber nur: „Jetzt ist der Spaß zu Ende, und ich geh nur zum Langweilen mit meinem Menschen nach Hause!", dann wird sich seine Begeisterung für das Kommen verständlicherweise in Grenzen halten.

Mit „Komm!" starten

Wie auch beim „Bleib!" ist es wichtig, „Komm!" zuerst in ruhiger Umgebung zu üben. Dabei streichen Sie allerdings zunächst das Wort „Komm!" ganz aus Ihrem Wortschatz. Denn: Ihr Hund muss es ja erst richtig verknüpfen. Darum warten Sie ab, bis Ihr Welpe einmal freudig zu Ihnen gelaufen kommt. Dafür belohnen Sie ihn jetzt ganz besonders. Tun Sie das immer wieder. Sind Sie sich sicher, Ihr Welpe läuft hundertprozentig direkt auf Sie zu, rufen Sie zeitgleich mit seinem Auf-Sie-Zulaufen „Komm!" Dabei können Sie eine Geste als Handsignal einführen: Ich winke den Hund mit dem ausgestreckten Arm zu mir. So verbindet Ihr Hund das Laufen zu Ihnen mit dem Wort „Komm!" und der Winkgeste. Auch das braucht einige Wiederholungen über Tage verteilt. Jetzt erst nutzen Sie das „Komm!" wirklich als Appell, und zwar so: Rufen Sie Ihren Hund mit seinem Namen. Dazu ergänzen Sie einmal laut und deutlich „Komm!" (eventuell plus Geste). Läuft er daraufhin zu Ihnen: super!

1 Nutzen Sie die Gelegenheit: Läuft Ihr Welpe auf Sie zu, belohnen Sie ihn. Fügen Sie beim nächsten Mal das Signalwort „Komm!" hinzu. So verknüpft der Welpe sein Tun mit diesem Begriff.

2 Anlocken mit Spielsachen oder raschelnder Leckerlitüte? Das funktioniert, aber damit Ihr Hund auch ohne Lockmittel kommt, üben Sie weiter am „Komm!" Ein Spiel als Belohnung allerdings ist perfekt.

3 Interessieren Sie sich für Ihren Welpen über den Spaziergang hinaus! So bleiben Sie auch interessant für Ihren Hund und er wird auf „Komm!" grundsätzlich freudig zu Ihnen laufen.

„Komm!“ immer und überall

Ihr Hund reagiert auf Ihr Signal „Komm!“, dann haben Sie schon ganz viel richtig gemacht. Doch – entschuldigen Sie, dass ich das jetzt sage – der Alltag wird Sie einholen. Das heißt: „Komm!“ wird mal mehr, mal weniger funktionieren. Wie reagieren Sie, wenn Ihr Hund anfängt, es sich auszusuchen, wann er zu Ihnen kommt? Sie machen es so:

Ihr Hund schaut zwar auf, doch reagiert nicht?

Dann wiederholen Sie auf keinen Fall das Signalwort. Stattdessen rennen Sie schnell in die Gegenrichtung los. Das wird Ihren Hund verwirren und zugleich interessieren. „Wo läuft mein Mensch denn hin? Da laufe ich hinterher!“ Das können Sie auch benutzen, wenn Ihr Hund zwar in Ihre Richtung läuft, aber immer mal wieder am Wegrand stehen bleibt und schnüffelt!

Ihr Hund reagiert überhaupt gar nicht?

Gut, wenn Sie auf einem Wald- oder Feldweg sind, auf dem nichts los ist. Dann können Sie sich nämlich in den Büschen oder an einer Wegbiegung verstecken! Und ich verspreche Ihnen:
Ihr Hund wird Sie suchen – vielleicht dauert es etwas. Hat er Sie dann gefunden, belohnen Sie ihn fürstlich für sein Kommen. Anschließend wird er viel besser auf Sie achten! Ist es nicht möglich, sich zu verstecken, dann hocken Sie sich hin und tun so, als würde an dieser Stelle etwas unheimlich Interessantes am Boden liegen. Das macht Ihren Hund neugierig und er wird sich flugs auf den Weg zu Ihnen machen. Auch jetzt: belohnen!

Nützt das alles nichts?

Sie haben gerade nicht die Zeit oder Gelegenheit, diese Mittel einzusetzen? Dann gehen Sie mit großen Schritten zu Ihrem Hund, leinen ihn an und gehen fröhlicher Stimmung mit ihm an der Leine weiter – nehmen Sie das Nichtkommen dabei bitte nicht persönlich. Vielleicht hat Ihr Hund es

1–3 Ayla, das hübsche Golden-Retriever-Mädchen, ist ein Jahr jung und hat das „Komm!“ samt Winkgeste schon als Welpe gelernt. Trotzdem kennt Kerstin auch Situationen, in den Ayla nicht hören will …

4 … darum hat sie statt Dauerrufen gern das Verstecken ausprobiert – und Ayla hat sie prompt gesucht und gefunden.

Schräge Wege!

> Ein Abstecher in hündische Höflichkeit: Wenn Hunde sich begegnen, laufen sie niemals direkt aufeinander zu. Sie gehen in Bögen. Sind sie so beim anderen Hund angekommen, stehen sie zunächst immer seitlich zueinander. Direktes Zugehen lässt sofort Spannung aufkommen und gehört zu den Drohsignalen. Darum: Wundern Sie sich nicht, wenn Ihr Hund scheinbar an Ihnen vorbeilaufen will. Es ist seine Art, Ihnen höflich zu begegnen. Das gerade Laufen zu Ihnen, wie z. B. beim Hundesport Obedience gefordert, muss Ihr Hund tatsächlich neu lernen!

einfach noch nicht fertig gelernt. Trainieren Sie unbedingt weiter!

Achtung – keine Ansage!

Machen Sie es Ihrem Hund auf Spaziergängen nicht zu einfach. Wir Menschen neigen ohnehin dazu, viel zu viel mit unserem Vierbeiner zu sprechen. So informieren wir ihn auch, wenn wir einen anderen Weg einschlagen. Lassen Sie das in Zukunft sein! Sie gehen Ihren Weg, und Ihr Hund muss lernen, auf Sie zu achten – nicht umgekehrt. Sie haben noch den Vorteil, dass Welpen über den Folgetrieb verfügen, also ihrem Rudel immer hinterherlaufen. Vertrauen Sie darauf, dass Ihr Welpe bestimmt nicht verloren gehen will, und überlassen Sie es ihm, in Ihrer Nähe zu bleiben. Natürlich ist es ratsam, heimlich immer ein Auge auf Ihren Welpen zu haben. Überhaupt gehört es zu jedem Spaziergang, dass Sie die Umgebung im Blick behalten. So erkennen Sie Ablenkungen vor Ihrem Welpen.

„Leine!“

Ist „Leine“ jetzt auch ein Signalwort? Ich sage Ihnen: Rufe ich „Leine!“, kommt mein Jaden immer fröhlich zu mir und lässt sich anleinen! Doch wichtiger noch, als ein neues Signal einzuführen, ist, dass Ihr Welpe gern und gut an der Leine geht.

1

Tipp Geschirr statt Halsband!

> Sie können das Halsband gegen ein Brustgeschirr eintauschen. Das hat den Vorteil: Sie ziehen Ihrem Hund nicht am empfindlichen Hals herum. Allerdings müssen Sie den Hund erst an das Geschirr gewöhnen, indem Sie es ihm vorsichtig umlegen und ihn dann z. B. für eine Woche im Geschirr füttern. So verknüpft er es mit etwas Gutem. Ich finde, ein Geschirr ist klasse, gerade wenn Ihr Welpe zum Ziehen neigt. Allerdings: Nehmen Sie es Ihrem Welpen gleich nach dem Spaziergang wieder ab, sonst fällt es den scharfen Milchzähnen zum Opfer.

Leinentraining klassisch!

Gewöhnen Sie Ihren Welpen gleich an Halsband und Leine. Stoppen Sie es sofort mit einem scharfen „Nein!“, wenn er an der Leine knabbern oder damit spielen will. Bieten Sie ihm stattdessen ein Spielzeug am Band an, das Sie auch während des Leinengangs verwenden. Sie brauchen sonst ziemlich viele Welpenleinen! Nun gehen Sie also mit dem fröhlich herumtollenden Welpen an der Leine los. In der modernern Hundeliteratur finden Sie an der Stelle den Hinweis:

„Gehen Sie nur weiter, wenn die Leine locker durchhängt. Fängt der Welpe an zu ziehen, bleiben Sie wie angewurzelt stehen.“

Ich sage Ihnen, das kostet Sie unendlich viel Nerven und ist unglaublich doof, wenn man nur wenig Zeit hat, unbedingt irgendwo hinwill oder andere Menschen mit spazieren gehen. Doch ich sage Ihnen auch: Sie müssen es so machen!!! Kein Würgehalsband und kein heftiger Leinenruck werden Ihnen helfen – außer Sie wollen das Vertrauen Ihres Hundes verlieren. Tatsächlich müssen Sie das Gehen an der Leine mit stürmischen Welpen einfach üben, üben, üben. Ihr Vorteil ist, dass der Welpe ja noch keine langen Spaziergänge braucht. Darum können Sie guten Gewissens einen Großteil des Spaziergangs im Stehen verbringen. Freuen Sie sich dabei immer schon darauf, dass Sie in wenigen Wochen einen nicht mehr ziehenden Hund haben – und ein ausgewachsener Labrador oder Schäferhund kann Sie ganz schön weit mitziehen. Mit einem Welpen zu trainieren ist eindeutig leichter!

Darum machen Sie es tatsächlich so:
Sobald der Welpe an der Leine zieht, bleiben Sie stehen!

Leinentraining mit Körpereinsatz

Gibt es immer wieder Situationen, in denen es nicht klappen will? Dann nutzen Sie Ihren Körper. Schicken Sie Ihren Welpen ins „Sitz!" und gehen Sie einige Schritte vor, dann lösen Sie das Signal auf. Will Ihr Hund nun direkt an Ihnen vorbei nach vorn stürmen, um wieder an der Leine zu ziehen, gehen Sie ihm deutlich in den Weg, lassen Sie ihn nicht vorbei. Das bremst ihn nicht nur aus, sondern zeigt ihm ganz unmissverständlich, wo er bleiben soll. Mein Hund neigt dann übrigens dazu, zunächst überhaupt nicht mehr weiterzuwollen. Doch ich nehme ihn mit meinem Schwung mit und anschließend geht es im normalen, lockeren Gang an der Leine weiter.

1 Dieser Welpe will nach vorn! Darum ist ein Geschirr die richtige Wahl.

2 Leinentraining? Hier sind doch Mäuse im Feld! Der Junghund Tessa aus zweiter Hand braucht noch immer viel Training. Wenn sie zieht, bleibt Iris stehen.

3 Zusätzlich sucht Iris unterwegs den Blickkontakt mit der jungen Tessa.

Endlich stubenrein!

1

1 Welpen schlafen tief und fest – dabei arbeitet ihr Verdauungstrakt auf Hochtouren. Darum: Nach dem Aufwachen ab nach draußen zum Lösen!

2 Ein Welpe, der sein Geschäft erledigt – gut, wenn Sie jetzt ein Leckerli dabei haben. Soll der Hund nicht mitten auf den Rasen machen, gehen Sie mit ihm an der Leine immer in eine bestimmte Ecke des Gartens.

3 Ja, machen Sie Fotos von dem kleinen Welpen! So schnell ist er groß. Und auch die anstrengende Zeit bis zur Stubenreinheit ist schneller vorbei, als Sie denken.

Warum kommt das Stubenreinheitstraining erst jetzt – am Ende des Vorschulkapitels? Ist es nicht das Wichtigste, was ein Welpe lernen sollte? Ja und nein. Denn Stubenreinheit können Sie zwar trainieren, doch Sie können sie nicht erzwingen. Schließlich muss Ihr Welpe, der ja nichts anderes ist als ein Hundebaby, seinen Schließmuskel erst mal richtig einsetzen können. Das geht bei einigen Welpen ganz schnell, bei anderen nicht. Fragen Sie zum Vergleich Eltern – auch meine Kinder sind auf ganz unterschiedlichen Wegen trocken geworden. Darum: Beruhigen Sie sich, wenn es nicht gleich perfekt klappt. Ich versichere Ihnen, Ihr Welpe wird seinen ersten Geburtstag stubenrein feiern können!

2

Der See im Flur …

Ist nun das Unglück passiert und Sie finden einen Pipisee oder anderes in Ihrer Wohnung, machen Sie es wortlos weg und gehen noch mal mit Ihrem Welpen nach draußen, um ihn belohnen zu können, wenn er sich dort löst. Es nützt gar nichts, die Hundenase in die Hinterlassenschaften zu drücken. Hunde können den See im Flur schon kurze Zeit später gar nicht mehr mit ihrem Pipimachen in Zusammenhang bringen. Besser ist meine Lieblingsmethode: Nehmen Sie eine Zeitung, rollen Sie sie zusammen, hauen Sie sich selbst fest gegen die Stirn und sagen laut: „Ich habe auf meinen Welpen nicht genug aufgepasst!" Erwischen Sie den Hund beim Machen, rufen Sie ein scharfes „Nein!" und bringen ihn sofort zu seinem Löseplatz draußen. Auch hier ist Konsequenz der Weg zum Erfolg. Und bitte nicht verzweifeln! Mein Jaden hat noch mit acht Monaten einen hübschen Haufen auf dem Teppich platziert – seinen letzten!

Ort, Weg, Zeiten

Ihr Welpe frisst und trinkt anfangs noch sehr oft, er braucht sehr viel Bewegung, schläft mal, dann auch wieder nicht. Das heißt: Sein Körper hat noch keinen festen Rhythmus und es kann fast immer so weit sein, dass er sich lösen muss. Darum ist es so schwer, einen Welpen wirklich zuverlässig stubenrein zu erziehen. Es gibt einfache Mittel, mit denen Sie den Prozess beschleunigen. Zum einen: Machen Sie sich klar, dass in den ersten Wochen und Monaten der Welpe immer im Fokus Ihrer Aufmerksamkeit stehen muss. Ein Welpe „läuft nicht so mit" im Familienalltag. Sie müssen sich kümmern und stets wissen, was er gerade tut. Zum anderen: Gehen Sie mit Ihrem Welpen nach dem Schlafen, nach dem Fressen und Trinken immer nach draußen, damit er sich lösen kann. Herrscht Aufregung, weil Besuch angekommen ist, gehen Sie direkt danach mit dem Hund raus. Sonst droht Ihnen ein Unglück im Haus – und je öfter es in der Wohnung passiert, desto schwieriger wird es mit der Stubenreinheit. Wenn Sie zum Lösen hinausgehen, suchen Sie von Anfang an immer den gleichen Platz auf (auch in Ihrem Garten!!!) und benutzen dafür immer die gleiche Tür. Dort wird sich Ihr Welpe dann später herumdrücken, wenn er merkt, dass er mal muss. Zudem lernt Ihr Welpe: An diesem Ort, kann und soll ich „machen" – und werde belohnt, wenn es geklappt hat.

Welpenschule Check

- ✓ Nutzen Sie vom ersten „Sitz!“ an ein Auflösewort!
- ✓ „Bleib!“ zunächst ohne Ablenkung üben
- ✓ Zum „Komm!“-Training gehört auch Spaß an der Leine!
- ✓ Zieht der Welpe = stehen bleiben!
- ✓ Probieren Sie Geschirr statt Halsband!
- ✓ Stubenreinheit liegt in Ihrer Verantwortung – kümmern Sie sich um Ihr Hundekind!

Im Gespräch mit der Hundetrainerin Lina Engelken

Lina Engelken ist Hundetrainerin mit viel Erfahrung und eigener „6-Bein-Training"-Hundeschule. Für Welpenspielstunden ist ihr besonders wichtig: das mobbingfreie Spiel.

Lina Engelken: Eine gute Hundeschule erkennt man daran, dass man jederzeit zuschauen kann und kostenlose Probestunden machen darf. Schließlich muss man für sich herausfinden: Mag ich die Art, wie mit den Hunden umgegangen wird, und mag ich den Hundetrainer, gibt es da Sympathie? Zudem rate ich zu kleinen Gruppen. Bei mir bestehen sie aus maximal sechs Hund-Mensch-Teams. Es gehört eben beides dazu: auf die Hunde einzugehen und auf die Halter. Darum müssen die empfohlenen Trainingsmethoden unbedingt zu dem Menschen und seinem Alltag passen.

Christiane Blenski: Was ist denn speziell wichtig an Welpenspielstunden? Gibt es da Unterschiede?

Lina Engelken: Oh ja! Zum Beispiel beim freien Spiel – da muss ich als Trainerin die Tiere sehr genau im Auge behalten und nicht am Rand stehen und Kaffee trinken. Meine Aufgabe ist zu erkennen: Bleibt es ein fröhliches Spiel oder wird einer der Welpen gemobbt? Werden eindeutige Signale der Hundesprache wie Knurren oder Quieken ignoriert? Dann greife ich sofort ein. Die Welpen leben nun im menschlichen „Rudel", müssen aber auch im Kontakt mit den Artgenossen noch viel lernen – ich empfehle, gleich nach Ankunft des Welpen in eine Hundeschule zu gehen. Doch ob junge oder erwachsene Hunde, sie sollten nicht alles unter sich allein ausmachen. Wir Besitzer haben eine mit Eltern vergleichbare Rolle. Wir müssen gut aufpassen und unserem Hund helfend und schützend zur Seite stehen. Außerdem ist es doch so: Lernen die Welpen, dass es okay ist, wichtige Drohsignale zu ignorieren, kann das später im Kontakt mit fremden Hunden böse Folgen haben. Zu jeder guten Welpenspielstunde gehören kleine Übungen, die die Bindung zwischen Welpe und Mensch stärken – das beginnt beim richtigen Streicheln.

Christiane Blenski: Das muss man üben? Was kann man denn da falsch machen?

Lina Engelken: Fast alle Hunde lieben das Kraulen hinter den Ohren und das ruhige Streicheln mit oder mal gegen den Strich. Was sie als unangenehm empfinden, ist das gerade bei männlichen Hundehaltern sehr beliebte feste Klopfen. Das ist dann für den Hund kein Lob, er lässt es häufig nur über sich ergehen. Darüber hinaus üben wir die Begegnung mit verschiedenen Untergründen, mit komischen Alltagsgegenständen und -situationen. Dabei lernt der Welpe: „Wenn mein Mensch dabei ist, dann packe ich das schon!"

Christiane Blenski: Apropos lernen: Was ist für Sie das Grundkönnen, das ein Welpe im ersten Lebensjahr erlernen sollte?

Lina Engelken: Für alle Hunde gilt eine Lektion und die heißt: Pause machen, zur Ruhe kommen. Dafür ist eine Hundebox ideal. Ist der Welpe an sie gewöhnt, schickt man ihn für ungestörte Ruhepausen dort hinein. Außerdem ist es sinnvoll, die Beißhemmung zu trainieren. Beißt der Welpe mit seinen Milchzähnen zu fest in die Haut, dann muss der menschliche Spielkamerad konsequent mit einem lauten „Aua!" reagieren und alles Spiel abbrechen. Am besten steht man auf, dreht sich kurz um oder verlässt den Raum. Da genügen schon 10 Sekunden. Danach kann das Spiel weitergehen. Und dann sollte jeder Hund lernen, mit anderen Hunden umzugehen – im Freilauf und an der Leine. Ein Hund sollte es kennen, überallhin mitzukommen, ebenso wie er für eine Weile allein bleiben können sollte. Man sollte keine langen Listen machen mit Dingen, die man bis zur 16. Lebenswoche erledigt haben muss, und mit dem Welpen vom Spielplatz zum Bahnhof und von dort ins Einkaufszentrum hetzen. Die Bindung und das Vertrauen zum Besitzer sind das Allerwichtigste und die Basis dafür, später neue Situationen gemeinsam zu meistern. Was ein Welpe darüber hinaus lernen sollte, hängt davon ab, was man später mit dem Hund machen will und woran auch der Hund Freude hat.

Christiane Blenski: Was kann ich nach einer Welpenspielstunde in einer Hundeschule machen? Gibt es da Varianten oder einen Standardweg?

Lina Engelken: Das Angebot ist groß. Zunächst kann man einen Junghundkurs anschließen, in dem der Grundgehorsam gefestigt wird und z. B. in Hundesportarten wie Agility und Obedience hineingeschnuppert werden kann. Danach weiß man besser, was Hund und Halter Spaß macht. Frisbee und Flyball sind meiner Meinung nach Sportarten, die toll aussehen, aber leider sehr auf die Gelenke des Hundes gehen. Sinnvoll kann eine Begleithundprüfung sein – auch damit man im Falle eines Falles der Versicherung gegenüber dokumentiert, der Hund hört nachweislich gut. Wichtig ist dabei, dass das Üben für die BH-Prüfung ausschließlich über positive Motivation läuft. In meiner Hundeschule habe ich mich spezialisiert auf Tricks und Dog-Dance. Dabei kann man die körperliche Anstrengung für den Hund optimal dosieren, ihn gleichzeitig mental auslasten und es macht einfach wahnsinnig viel Spaß.

Spiel & Spaß mit Welpen

Schnüffelspiele > 100

Wasserspiele > 106

Regentagespiele > 104

Im Gespräch über zwei ganz verschiedene „Welpenzeiten" > 110

Spielregeln!

Es kommt vielleicht kleinkariert daher, wenn ich jetzt für das Spielen einen Regelkatalog erstelle. Aber machen Sie sich bitte klar: Die Unterscheidung zwischen ernstem Trainieren und lustigem Spiel gibt es nur im Menschenkopf. Für Ihren Welpen ist alles tolle Beschäftigung mit seinem Menschen, bei der er völlige „Narrenfreiheit" nur missverstehen würde.

Anfang und Ende

Haben Sie für Ihren Welpen ordentlich viel Hundespielzeug gekauft? Das finde ich gut. Jetzt streichen Sie von dem Wort den einleitenden Begriff „Hunde". All dies Spielzeug gehört nicht dem Welpen. Es gehört Ihnen. Das ist Regel Nr. 1, die direkt zu Regel Nr. 2 führt: Der Mensch beginnt und beendet das Spiel. Warum ist das wichtig? Wenn der Hund das Spielzeug permanent zur freien Verfügung hat, wird es zum einen langweilig. Zum anderen könnte der Welpe sein Spielzeug verteidigen – mit Knurren oder gar den Zähnen. Das geht gar nicht! Zudem kann der Hund die Unart entwickeln, mit dem (meist sabberfeuchten) Spielzeug im Maul zu Ihnen zu laufen und durch Anschauen, Anstupsen oder Ähnliches versuchen, ein Spiel zu erzwingen.

Das ist anfangs niedlich, doch mit der Zeit lästig und manchen Besuchern sehr unangenehm. Ist gleich klar, dass der Spaß losgeht, wenn Sie das Spielzeug holen, werden Sie selbst noch interessanter. Es lohnt sich für Ihren Hund, auf Sie zu achten. Darum packen Sie alle Spielzeuge am besten immer weg – zum Beispiel in eine schöne Kiste, an die Ihr Welpe nicht allein herankommt.

1

Hände = Tabu!

Ihr Hund hat keine Hände. Zum Festhalten hat er nur seine Zähne. Ist ein Spielzeug im Einsatz, das Ihr Welpe schnappen oder fangen soll, achten Sie darauf, dass er beim Einsatz der Zähne niemals Ihre Hand erwischt. Falls das – absichtlich oder nicht – passiert, beenden Sie sofort das Spiel für einige Minuten. Benutzen Sie einen Ball oder Kong an der Schnur, darf Ihr Welpe seine Zähne höchstens eine Handbreit unter Ihren Fingern am Seil platzieren. Bei allem darüber: sofortiges Spielende. Diese Regel ist nicht nur wichtig, wenn Sie kleine Kinder haben oder Enkelkinder erwarten. Auch uns Erwachsenen tut es ganz schön weh, wenn sich Hundezähne mit Wucht in unsere Haut bohren – selbst wenn ein Hund mit guter Beißhemmung sofort wieder locker lässt.

Abwechslung, ja bitte!

Die wichtigste Spielregel für meinen Hund heißt: Abwechslung! Immer nur Ball werfen oder Ball verstecken wird öde. Manchmal schleicht sich auch bei mir ein, dass ich immer nur auf einem bestimmten Stück des Spazierweges mit Jaden aktiv bin. Das merke ich, weil auf diesem Stück mein Hund mir maximale Aufmerksamkeit schenkt und mich auf allen anderen Wegstrecken eher ignoriert. Darum verstehen Sie Abwechslung „ganzheitlich" – spielen Sie verschiedene Spiele, an verschiedenen Orten, gehen Sie vor, neue Wege oder einfach jenseits des Weges quer durch die Büsche. Beachten Sie vor allem beim Spiel mit dem Welpen: Lassen Sie es ruhiger angehen! Verzichten Sie auf alle Spiele, die Knochen oder Gelenke belasten wie bei Sprüngen und schnellen Wendungen.

2

1 Ja, schon Welpen können apportieren – viele Rassen bieten das von allein an. Nutzen Sie den Spieltrieb, aber mit ruhigen Spielen. Toll ist ein Ring, den man auf dem Boden rollen kann. So kommt der Welpe nicht in Versuchung hochzuspringen.

2 Alles meins? Heute ist ausnahmsweise Selbstbedienung im Spielzeugkorb. Sobald die Spielzeit im Garten vorbei ist, sammeln Sie alles ein und stellen den Korb in ein für den Hund unerreichbares Regal.

Ballspiele

Der Ball ist nicht nur rund. Er ist ein enorm vielseitiges Spielzeug – gerade für Hunde. Der Klassiker, der Hunde richtig in Bewegung bringt: das Werfen des Balls, dem der Hund hinterherflitzt und den er dann zu seinem Menschen zurückbringt. Ein Selbstläufer? Nein, dafür muss der Hund verstanden haben, dass er das Spielzeug apportieren soll. Ein Trainingsprogramm für sich, mit dem wir in den Spielspaß starten.

Apportieren von hinten

Bringen Sie Ihrem Welpen das Apportieren, also das Bringen von Gegenständen bei, dann fangen Sie „hinten" an – also mit dem, was in der Apportierfolge als Letztes getan werden muss. Zerlegen wir einmal den Apportierablauf:

> Ihr Welpe folgt dem von Ihnen geworfenen Gegenstand.
> Ihr Welpe nimmt den Gegenstand mit dem Maul auf.
> Ihr Welpe läuft mit dem Gegenstand im Maul zu Ihnen.
> Ihr Welpe legt Ihnen den Gegenstand vor die Füße oder in Ihre Hände.
> Alles wieder auf Anfang!

Üben Sie mit Ihrem Welpen, trainieren Sie zunächst das Abgeben eines Spielzeugs. Wedeln Sie dafür mit einem Gegenstand vor der Nase des Welpen herum. Ideal ist ein altes Gästehandtuch. Das können Sie gut halten, während Ihr interessierter, verspielter Welpe es ins Maul nimmt. Beißt er hinein, führen Sie das Signal „Gib's!" ein. Dafür machen Sie Ihrem Welpen ein Tauschangebot und halten ein beliebtes Spielzeug oder ein Leckerli hoch. Lässt Ihr Welpe nun das Handtuch los, sagen Sie zeitgleich „Gib's!" und belohnen Sie den Hund. Das wiederholen Sie so lange, bis Ihr Hund zuverlässig auf Ihr Signal hin jedes Spielzeug loslässt. Dieses Können ist die Grundlage für das Apportierspiel.

Nun von Anfang an!

Jetzt interessieren Sie Ihren Welpen für ein Spielzeug und bewegen es dabei (zunächst noch immer in der Hand haltend) hin und her und von Ihnen weg. Bleibt Ihr Welpe aufmerksam dran? Wunderbar. Dann können Sie das Spielzeug ein kurzes Stück werfen oder rollen. Läuft er hinterher, dann feuern Sie ihn an. Bestärken Sie ihn, sagen Sie: „Ja! Richtig!" Das können Sie später für viele andere Situationen nutzen, in denen Ihr Hund auf dem richtigen Weg ist, etwas Neues zu lernen. Wenn nun Ihr Welpe den Gegenstand mit dem Maul aufgehoben hat, rufen Sie ihn und gehen Sie selbst rückwärts. So nutzen Sie den Folgeimpuls Ihres Welpen. Er lernt, mit dem aufgenommenen Gegenstand gleich zu Ihnen zu laufen. Lässt er dabei das Spielzeug fallen, beginnen Sie kommentarlos von Neuem. Ist er aber bei Ihnen angelangt, setzen Sie das bereits gelernte „Gib's!" ein. Wow, wenn das geklappt hat, verdient Ihr Welpe eine Belohnung.

3

4

Ballspiel in Varianten!

Bleiben Sie nun einige Zeit auf dem ersten Trainingslevel. Das heißt: Beschränken Sie das Spiel auf eine ruhige Ausführung und eine sehr kurze Distanz. Sie haben anschließend noch viele Jahre Zeit, die Bälle weiter zu werfen oder Kongs und andere lustig aufspringende Gegenstände zu nutzen, bei denen Ihr Hund richtig auf Zack sein muss. Bei jungen Hunden sind Bänder und Gelenke zu schonen, auch wenn Ihr Welpe ganz sicher bereits jetzt das perfekte Temperament für schnelle Laufspiele hat. Stattdessen nutzen Sie das Interesse Ihres Hundes am Ball für andere Spielmöglichkeiten. Beispiele dafür finden Sie auf der nächsten Seite!

1 Die optimale Ausgangssituation für den Ballspiel-Klassiker: Der junge Dalmi schaut Stephan und vor allem den Ball interessiert an. Es kann losgehen!

2 Der Ball ist (ein kurzes Stück!) geflogen und Lucky hat ihn schnell entdeckt. Fliegt der Ball zu weit, wird der Welpe auf dem Weg dorthin zu sehr abgelenkt – wie Lucky beim Fototermin von einem Schmetterling.

3 Jetzt wird es knifflig: Bringt der Junghund den Ball wirklich zu Stephan zurück? Wird er ihn hergeben? Es klappt!

4 Damit am Ende des Apportierspiels – beim Hergeben des Spielzeugs – alles gut geht, hat Stephan das Abgeben des Balls vorher gut trainiert.

Verstecken Sie den Ball!

Dabei können Sie gleich „Platz! Bleib!" üben und in Ruhe ein Stück auf dem Spazierweg vorausgehen, um den Ball im tiefen Gras zu verstecken – oder auch in den unteren Ästen eines Strauches.

Ball auf schräger Bahn

Nehmen Sie eine Kiste, die aus Welpensicht etwa kinnhoch ist. Dann lehnen Sie an diese Kiste ein längeres Holzbrett, sodass eine schräge Rutschbahn entsteht. Nun legen Sie den Ball auf die Kante zum Brett. Ein Nasenstupser Ihres Welpen soll genügen, um den Ball ins Abwärtsrollen zu bringen. Ein Spiel, bei dem Sie übrigens den Klicker sehr gut nutzen können. Als Belohnung fürs korrekte Anstupsen darf der Welpe natürlich den rollenden Ball holen und zurückbringen für ein neues Spiel.

Ein Ball nach dem anderen

Lassen Sie drei Bälle in verschiedene Richtungen rollen. Sobald sie ruhig liegen, schicken Sie Ihren Welpen durch ein deutliches Handzeichen zu einem der drei Bälle. Hat er den richtigen gebracht, schicken Sie ihn zum nächsten – bis alle Bälle aufgesammelt sind. Bei diesem Spiel muss Ihr Welpe sich sehr konzentrieren. Läuft er zum falschen Ball, nehmen Sie ihm wortlos diesen Ball

1

2

1 Gut versteckt wartet der Ball auf seinen vierbeinigen Finder. Ein Spiel, das Sie unterwegs, im eigenen Garten und auch an Regentagen im Haus als Beschäftigung nutzen können.

2 Erschnüffelt oder mit den Augen gefunden? Der junge Dalmi kannte das Versteckspiel noch gar nicht und brauchte beim ersten Versuch ein ganz einfaches Versteck, bei dem er den Ball sehen konnte. Jetzt war schon die Nase vorn!

3 Gesucht, gefunden und von Lucky stolz präsentiert: Hier ist der Ball!

Farbenblind!

> Heute geht man davon aus, dass Hunde auf gar keinen Fall nur schwarz-weiß sehen. Allerdings haben sie eine Sehschwäche: Sie sind rot-grün-blind. Das heißt, sie können den roten Ball im grünen Gras schlecht erkennen. Und: Für Hunde ist es schwerer, unbewegte Dinge mit dem Blick zu erfassen. Es wird für Ihren Welpen also tatsächlich kniffliger, wenn Sie den Ball erst bis zum Stillstand ausrollen lassen und er ihn dann erst suchen darf – er wird ihn mit der Nase aufspüren.

3

ab und legen ihn an seinen Platz zurück. Sie können das Spiel zunächst mit zwei Bällen beginnen und es dann mit mehreren Bällen oder anderen Spielzeugen steigern.

Ball an der Schnur

Will man gerade an der Leine ein Zerrspiel mit dem Hund machen, ist ein Ball an der Schnur ideal. Dann braucht man sich auch nicht zu tief zu bücken. Allerdings sollten Zerrspiele, die sich sehr gut als kurze Belohnungsspiele eignen, mit Welpen (Achtung, Milchzähne!) besonders vorsichtig ausgeübt werden. Und damit Ihr Welpe sich nicht in Rage spielt: Führen Sie ein Wort als Abschlusssignal ein. Ich sage schlicht: „Is' Schluss!", und stecke dann das jeweilige Spielzeug komplett weg.

Tennisball ade!

Sportliche Menschen haben oft sportliche Hunde und spielen gern Ball mit ihrem Vierbeiner. Dafür werden ausrangierte Tennisbälle benutzt. Davor warnen Tierärzte: Die rauen Fasern des Tennisballs, an denen die Hunde ja oft auch nagen, schädigen den tierischen Zahnschmelz und sind also schlecht für die Zähne.

Hier gilt es wirklich:

Investieren Sie in verschieden große und beschaffene Hundespielbälle aus dem gut sortierten Fachhandel. Auch bei Stöckchen, die Sie unterwegs finden, müssen Sie vorsichtig sein. Achten Sie darauf, dass der Stock wirklich glatt ist, weder zu lang, noch zu dick und schwer. Es dürfen keine kurze Äste hervorragen, sie erhöhen die Verletzungsgefahr.

Spaziergehspiele

1

Selbst wenn Sie jeden Tag auf den gleichen Wegen unterwegs sind – es muss keine Langeweile aufkommen. Im Gegenteil: Schauen Sie sich um oder packen Sie ein paar Spielsachen ein und los geht der Unterwegsspaß.

Verstecken & fallen lassen

Im Winter mein Lieblingsspiel: „Such den Handschuh!“ Das Spiel habe ich aufgebaut, indem ich Jaden den Handschuh schmackhaft gemacht habe. Wedeln Sie damit Ihrem Hund vor der Nase herum und belohnen Sie jedes Interesse: vom Hinschauen bis zum Tragen. Dann lassen Sie den Handschuh direkt vor der Hundenase fallen. Belohnen Sie Ihren Welpen, wenn er zum Handschuh läuft. Danach belohnen Sie, was immer Sie möchten, dass Ihr Hund tut: entweder das Aufnehmen und Bringen des Handschuhs oder nur das Anzeigen durch Hinlaufen und sich eventuell neben den Handschuh legen. Spannend wird das Spiel dadurch, dass Sie nun irgendwo unterwegs spontan & unbeobachtet von Ihrem Hund den Handschuh fallen lassen und das Signal zur Handschuhsuche geben. So muss Ihr Welpe prompt reagieren und wird Sie von da an nicht mehr so schnell aus den Augen lassen. Das bringt Ihnen mehr Aufmerksamkeiten auf allen Wegen – nicht nur gut für die Welpenzeit, sondern vor allem während der hündischen Pubertät, in der Sie ganz weit hinten auf die „Ist-interessant-für-mich“-Skala rücken werden, leider!

1 Kerstin übt mit Ayla das Handschuh-Spiel. Zuerst hat sie den Handschuh spannend gemacht, dann unterwegs „verloren". Noch zeigt sie dem jungen Golden, was sie von ihm will. Im Winter lässt sie den Handschuh einfach fallen. Ob Ayla ihn dann findet? Bestimmt!

2 Schauen Sie sich um: Unterwegs gibt es immer etwas zu entdecken und zum Spielen für den Hund. Baumstämme sind ideal, um mit dem Welpen seinen Gleichgewichtssinn, sein Körpergefühl und seine Geschicklichkeit zu trainieren. Ayla ist nun schon ein Jahr alt, sie darf springen. Für Ihren Welpen suchen Sie einen niedrigeren Stamm oder heben ihn hoch.

Bänke & Baumstämme

Nutzen Sie, was Ihnen unterwegs begegnet. Locken Sie Ihren Hund unter einer Sitzbank durch. (Achten Sie darauf, dass dort keine Scherben liegen!) Oder: Lassen Sie ihn, wenn er größer ist, mit sauberen Pfoten auf eine niedrige Bank klettern. Auf der Bank kann er „Sitz!" oder „Platz!" machen. Führen Sie dafür unterschiedliche Signalworte ein wie „Drunter!" und „Rauf!" Mit Welpen ideal ist das Erklettern von am Waldboden liegenden Bäumen oder Baumstümpfen. Auf dem Stamm zu laufen hilft dem Welpen, ein gutes Gefühl für seinen Körper zu entwickeln und seine Balance zu halten. Er gewinnt Selbstsicherheit.

Tempowechsel & Richtungswechsel!

Bieten Sie Abwechslung gerade an der Leine: Gehen Sie es mal sportlich-überraschend an auf dem nächsten Spaziergang. Das heißt, laufen Sie in Schlangenlinien, kehren Sie abrupt um, biegen Sie plötzlich ins Unterholz ab, steigen Sie über ein niedriges Hindernis, umrunden Sie einen Mülleimer, gehen Sie rückwärts, rennen Sie los und dann werden Sie wieder gaaanz langsam. Dabei zerren Sie nicht am Halsband, sondern nehmen Ihren Hund mit durch Ihren Schwung. Loben Sie Ihren Welpen, wenn er gut gelaunt mitgeht, und freuen Sie sich auf ein abwechslungsreiches Miteinander.

Der Leinensprung

Ein echtes Koordinationsspiel aus meinem Buch „Hundespiele": der Leinensprung – also Seilspringen mit der Leine. Dafür lassen Sie Ihren Hund im „Sitz! Bleib!" warten. Sie gehen einige Schritte vor, sodass Sie beim Schwingen der Leine auf keinen Fall Ihren Welpen treffen. Wenn Sie jetzt die Leine hinter sich aufschwingen lassen, rufen Sie Ihren Welpen zu sich, sodass Sie zusammen über die bis dahin auf Bodenhöhe angekommene Leine springen. Das braucht ein gutes Timing – und macht Spaß! Das Praktische an dem Spiel: Die Leine haben Sie ohnehin dabei und können jederzeit loslegen.

Schnüffel-spiele

Die Nase Ihres Hundes ... wow, was die alles kann! Besonders interessant finde ich bei Hundenasen, dass sie sehr viele Gerüche unterscheiden und Informationen darin „lesen" können. Sie ermitteln dabei präzise die Richtung, aus der ein Geruch kommt, und folgen dem Weg eines Duftes – sprich: einer Spur. Das ist faszinierend. Richtige Fährtenarbeit setzt eine konzentrierte Zusammenarbeit zwischen Hund und Mensch voraus. Hier geht es mir jedoch um das Zusammenspiel – mit einigen unkomplizierten Schnüffelideen, die Abwechslung in das Leben Ihres Welpen bringen und ihn so ganz anders fordern. Denn: Aktives, intensives Schnuppern ist für den Körper Ihres Hundes ebenso anstrengend wie sportliche Höchstleistungen. Darum sind z. B. Suchhunde nie länger als 20 Minuten im Einsatz. Setzen Sie also auf kurzen Naseneinsatz, zumal Ihr Welpe es erst lernen muss, sich über einen längeren Zeitraum zu konzentrieren.

Wo ist die Wurst?

Nehmen Sie ein großes Stück Wurst. Halten Sie es Ihrem Welpen unter die Nase und sagen Sie deutlich „Wurst". Dann legen Sie das Stück unter ein Küchensieb, das durch seine Löcher den Duft sehr gut freigibt. Ihr Welpe kann Ihnen dabei am Anfang ruhig zuschauen. Schließlich soll er erst mal das Prinzip verstehen.
Nun geben Sie mit „Such die Wurst!" den Startschuss zum ersten Nasenspiel. Ihr Welpe wird schnell zum Sieb laufen, versuchen, es mit der Nase wegzuschieben und an die Wurst zu kommen. Geschafft! Nun gibt es zwei Varianten: Ihr Hund wartet im Nebenzimmer, während Sie das Sieb mit der Wurst im Zimmer oder im Garten verstecken. Oder Sie legen mehrere Siebe aus und Ihr Welpe muss erschnüffeln, unter welchem Sieb die Wurst steckt. Wenn Sie nicht immer mit Futter arbeiten wollen: Sie können unter dem Sieb natürlich auch ein Spielzeug verstecken.

Folge der Spur!

Ihr Welpe wartet im „Sitz!", während Sie auf eine imaginäre kurze Linie zwei, drei Leckerlis hintereinander mit Abstand legen. Nun fordern Sie ihn mit „Such!" auf, die Leckerlis zu finden. Ideal ist es, wenn er wirklich ein Leckerli nach dem anderen findet. Hat der Welpe das auch mit fünf, sechs Leckerbissen geschafft, können Sie mit dem Duftzirkel-Spiel anfangen. Ihr Hund wartet im „Platz! Bleib!", während Sie mit dem ausgestreckten Arm wie auf einer Kreislinie um sich herum Leckerlis ins Gras legen. Dann rufen Sie Ihren Welpen zu sich, und er darf sich auf die Suche machen – Leckerli für Leckerli. Hat er ein Futterstückchen ausgelassen, heben Sie es auf. Ziel ist, dass Ihr Hund wirklich eine Runde um Sie herum schnüffelt. Alternativ können Sie eine Duftspur um einen Gegenstand wie einen Eimer oder großen Blumentopf legen. Auf diesem Weg kann sich ein Hund auch unbekannten Gegenständen nähern.

1 Das erste Duftspiel beginnt mit einem einfachen Start und wird am Ende knifflig für den Welpen: Der kleine Border-Collie-Rüde Draco sucht zuerst die Leckerlis im Gras, immer eins nach dem anderen, ...

2 ... dann folgt er der Duftspur bis zum Baumstamm. Und es stimmt: ...

3 ... Der nächste Leckerbissen ist etwas erhöht unter ein hervorstehendes Stück Baumrinde geklemmt. Gute Nase, kleiner Draco!

Das Dufttuch

Jetzt wird es richtig dufte, denn Sie machen Ihren Hund mit einem Dufttuch bekannt. Dazu suchen Sie ein Stofftaschentuch aus, das Sie mit einem guten Geruch tränken – das kann ein stark verdünntes Duftöl sein oder vielleicht einfach ein kurzes Bad in einer Fleischbrühe. Es ist meiner Erfahrung nach wichtig, dass die Duftnote auch Ihnen gefällt. Nutzen Sie zum Anfassen des Tuches immer eine Zange oder Wäscheklammer. Der Duft soll sich nicht mit Ihrem Geruch vermischen. Nun halten Sie Ihrem Welpen das riechende Tuch direkt vor die Nase oder legen Sie ein Leckerli darauf, damit Ihr Hund das Ganze positiv verknüpft und den Geruch aufnimmt. Anschließend verstecken Sie das Tuch im Raum oder Garten oder auch unterwegs auf Spaziergängen. Es macht Sinn, dafür ein spezielles Wort einzuführen wie „Tuchsuche".

Was ich an dem Dufttuch besonders gut finde, sind die vielen Möglichkeiten, es zu verstecken – Sie können es in kleine Öffnungen stopfen oder es nur noch mit einem Zipfel aus einer Schublade herausragen lassen. Das fordert Ihren Hund doppelt: Erst muss er der Nase nach suchen, dann findig werden und vorsichtig die Schublade aufschieben oder eben eifrig ziehen. Lassen Sie sich etwas einfallen! Ein Tipp noch: Gerade Welpen lieben es ja, an Tüchern (Teppichen und Duschvorlegern) zu knabbern. Überlassen Sie das Dufttuch nie lange den scharfen Welpenzähnen, nutzen Sie das Signal „Gib's!"

Für Fortgeschrittene – der Konkurrenzduft

Haben Sie richtig Lust auf Nasenspiele, dann schauen Sie in ein Buch mit viel mehr Ideen, als in diesem Ratgeber Platz finden. Doch wenn Sie für Ihren Welpen (oder inzwischen Junghund) eine Steigerung für jedes Nasenspiel suchen, stelle ich Ihnen den „Konkurrenzduft" vor. Das heißt: Sie legen für eine Weile immer eine Spur aus Wurststückchen. Diese lassen Sie jetzt von einer anderen Spur aus z. B. Reiskeksen kreuzen. Gelingt es Ihrem Welpen, der

1 Der schöne Weimaraner-Welpe lässt die Ohren hängen – und schickt seine tief am Boden schnüffelnde Nase voran. Die kleine Hündin hat zuvor das duftende Tuch kennen gelernt und mehrmals gebracht. Nun hat sie zwei Tücher zur Wahl – eines mit und eines ohne Duft. Findet sie jetzt das richtige?

2 Ja, Hundenasen sind kleine Wunderwerke der Natur. Sie sind in puncto Geruchsunterscheidung unseren Menschennasen weit voraus. Und so findet auch Dira, der kleine Weimaraner, schnell das Tuch mit dem bekannten Duft. Super!

Wurststrecke treu zu bleiben? Oder: Sie üben mit Ihrem Hund, dass er Ihrer Fußspur folgt, indem Sie in Ihren Tritt ein Leckerli fallen lassen – zunächst in jeden Schritt, später in größeren Abständen. Dann lassen Sie eine zweite Person, die von Ihnen gelegte Spur mit deutlichen Fußabdrücken kreuzen. Folgt Ihr Hund noch Ihrem Pfad? Das ist dann schon eine echte Meisterleistung!

Die dufte Kiste!

Haben Sie einige gleiche Schachteln im Haus? Vielleicht zwei oder drei große Streichholzschachteln? Dann lagern Sie die Streichhölzer aus und legen stattdessen in eine der Kisten ein großes Stück duftenden Käse. Diese Kiste zeigen Sie Ihrem Hund und üben mit ihm, dass er sich vor die „Käsekiste" hinsetzt – erst dann öffnen Sie sie und geben Ihrem Hund den Leckerbissen. Nach einigen Wiederholungen verteilen Sie alle drei Schachten im Raum – in nur einer erwartet den Hund das Käsestück. Das Ziel ist: Ihr Welpe zeigt durch sein Hinsetzen nur die eine gefüllte, duftende Käsekiste an. Da Ihr Hund bei diesem Spiel nur seiner Nase folgt und er die Kiste nicht ins Maul nimmt, können Sie ganz neue Verstecke nutzen – zum Beispiel oben auf einem Regal. Das bringt dufte Abwechslung! Damit ist das Spiel wirklich ideal für drinnen, da es ohne Hektik abläuft und den Welpen sinnvoll beschäftigt.

Regentagespiele

Ist draußen alles grau in grau und so nass, dass man schon sagen kann, dass es „junge Hunde regnet“? Dann hat Ihnen ein Tief echtes norddeutsches Mistwetter eingebrockt und da sitzen Sie nun mit Ihrem Welpen – der bei jedem Wetter enorm viel Energie hat. Ich sage Ihnen: Sie müssen raus, da hilft nix. Meist ist es im Regen gar nicht so schlimm, wie man zuerst denkt. Hundebesitzer sollten ohnehin von Anfang an in gute Wind- und Wetterkleidung investieren. Regenschirme können Sie übrigens vergessen. Ich finde sie absolut unpraktisch, wenn man in einer Hand schon die Leine hält. Da bleibt dann durch den Schirm keine Hand mehr frei für Leckerlis oder Spielzeuge. Achten Sie lieber auf eine richtig gute Kapuze an der Regenjacke und kaufen Sie sich eine Regenhose. Ob die nun chic ist oder nicht – sie hält Sie trocken, und Sie sehen nach dem Spaziergang aus, wie aus dem Ei gepellt.

Eierbecher-Memo

Apropos Eier: Nutzen Sie Eierbecher aus Kunststoff für das erste Regentagespiel. Alternativ suchen Sie kleine Joghurtbecher zusammen. Doch achten Sie dabei auf die oft sehr scharfen Kanten. Da Welpen noch alles mit dem Maul intensiv erkunden, sind Eierbecher die bessere Wahl. Nun nehmen Sie Ihre vier oder sechs Eierbecher und stellen sie umgekehrt auf den Boden. Unter einen oder zwei der Eierbecher mogeln Sie unauffällig ein Leckerli. Findet Ihr Welpe es? Meist schieben die Hunde anfangs ausgiebig Becher für Becher über den glatten Fliesen- oder Holzboden, bis sie ganz sicher sind, dass sie auch kein Leckerli übersehen haben. Mit der Zeit wird der Naseneinsatz gezielter.

Die gefüllte Flasche

Soll Ihr Welpe sich bei Regenwetter eine Weile selbst beschäftigen, aber Sie wollen sichergehen, dass Sie wissen, was er gerade anstellt? Nehmen Sie eine große, leere Kunststoffflasche. In diese füllen Sie Trockenfutter, das in der Flasche klappert. Nun legen Sie die offene Flasche Ihrem Welpen hin. Vielleicht geben Sie ihr einen Schubs und zeigen, wie dabei ein Futterstück aus der Flaschenöffnung kullert. Jetzt ist Ihr Welpe dran: Sicher interessiert er sich für die Flasche und wird sie in Bewegung halten, bis sie leer ist – und Sie können beruhigt am Schreibtisch sitzen, denn Sie hören

1

2

ja, wie Ihr Welpe in Bewegung bleibt. Nutzen Sie dieses Spiel gleich als eine Futterportion. Es ist übrigens eine gute Beschäftigungsmöglichkeit, wenn Ihr Welpe allein bleiben muss. Das hält ihn von anderen Dummheiten ab!

Spielen Sie mit!

Wenn Ihr Welpe nicht mehr gleich in alles hineinbeißt, bringen Sie sich ins Spiel – als Leckerliversteck. Setzen Sie sich auf den Boden, schlagen Sie Ihre Hose um und legen Sie ein Leckerli in den Umschlag.

Oder: Verstecken Sie einen Ball unter Ihren Knien oder zwischen Arm und Oberkörper. Dann legen Sie sich lang hin und schicken Ihren Hund auf die Suche. Er wird Sie gründlich abschnüffeln und dann Leckerbissen oder Spielzeug finden.

1|2 Das Spiel probiert Lina gleich mal aus: Sie versteckt unter einigen der kleinen Joghurtbecher Leckerlis für Choco. Choco – schnüffelt an allen Bechern und findet die Leckerbissen.

3|4 Der kleine Dalmi Lucky ist jetzt groß genug, dass er nicht für alles seine Zähne benutzt. So kann Stephan in seinem Hosenumschlag und unter seinen Knien ein Spielzeug verstecken. Vorsichtig schnüffelt Lucky ihn ab – und findet den Ball.

Wasser-spiele

1 Choco ist verwirrt: Was soll sie denn hier machen? Lina lockt sie mit einem Leckerli in die Nähe des mit Regenwasser gefüllten Reifens. Geht Sie hinein?

2 Choco wagt einen Schritt nach vorn und springt anschließend durch das kühle Nass.

3 Ein Spiel ganz nach Chocos Geschmack: Auf dem Wasser im Reifen schwimmt jetzt ein Boot mit leckerer Fracht.

4 Da weiß Choco gleich, was zu tun ist: Futtern!

Mit etwas Glück erwartet Sie ein wunderbarer erster Hundesommer mit Ihrem Welpen. Noch macht die Wärme Ihrem Hund nicht zu schaffen, doch für ausgewachsene Hunde mit dickem Fell ist Hitze der Grund, sich ausschließlich an Schattenplätzen aufzuhalten – und bevorzugt in der Nähe von Wasser zu bleiben. Dazu gibt es natürlich auch einige passende Spielideen, ohne dass der Hund gleich komplett baden geht. Allerdings, denken Sie an den Tipp von Hundephysiotherapeutin Marion Wild: Machen Sie Ihren Welpen frühzeitig mit dem Wasser bekannt. Locken Sie ihn ins tiefe Nass – zum Beispiel, um ein Spielzeug aus dem See zu holen. Ist es richtig schön heiß, gehen Sie mit Ihrem Hund zusammen baden, wenn das an Ihrem Badesee erlaubt ist. Ein tolles Erlebnis! Sträubt sich Ihr Welpe allerdings, tragen Sie ihn lieber nicht einfach ins Wasser. Bei meinem Mann endete es damals mit tiefen Kratzern – als „Dankeschön“ von unserem wasserscheuen Jaden.

Becher-Boote

Ob kleiner Eimer, große Schale oder Kinderplanschbecken – nutzen Sie für dieses feucht-fröhliche Spiel, was in Ihrem Haushalt vorhanden ist. Bei allem Aufblasbaren achten Sie darauf, dass die Hundezähne davon fernbleiben. Nun lassen Sie auf diesem kleinen Teich einige Pappbecher schwimmen, in die Sie jeweils ein Leckerli legen. Nun motivieren Sie Ihren Hund mit „Wo ist das Lecker?!", die Becher aus dem Wasser zu fischen und sich so das Leckerli zu holen. Als Varianten können Sie auch schwimmendes Spielzeug (wie Sandförmchen oder kleine Plastikboote) als Leckerlitransporter nutzen. Nun stibitzt der Hund die Leckerlis vom schwimmenden Objekt.

Pfotenwaschen

Nehmen Sie eine breite Schale oder eine niedrige Kunststoffkiste und füllen Sie diese etwa eine Handbreit mit Wasser. Nun belohnen Sie Ihren Hund, wenn er sich für diesen Wasserbehälter interessiert. Das können Sie auch sehr gut mit dem Klicker einüben. Das Ziel ist, dass Ihr Hund Pfote für Pfote durch das Wasserbecken geht und sich dabei die Pfoten wäscht. Das ist im Sommer eine tolle Abkühlung und bei Matschwetter durchaus ein praktisches Spiel, wenn Sie direkt nach der Pfotenwaschkiste Hundehandtücher auslegen. Sie können auch als ersten Schritt üben, dass Ihr Welpe durch eine Schale ohne Wasser geht.

Wasserflasche holen!

Üben Sie mit Ihrem Welpen, eine kleine Kunststoffflasche zu tragen – und ergänzend dazu einen leichten Napf zu apportieren. Wie man mit einem Hund das Bringen von Gegenständen erarbeitet? Lesen Sie kurz nach auf Seite 94! Wenn Ihr Welpe keine Berührungsängste mit der Flasche hat, füllen Sie etwas Wasser hinein. Trägt der Hund die Flasche mit Wasser, ist es geritzt: Ihr Welpe holt sich auf Ihr Signal „Flasche!" hin sein Wasser und danach den Napf. Wenn das nicht praktisch ist! Übrigens: Viele Hunde lieben es, direkt aus der Flasche zu trinken. Ihr Hund auch? Probieren Sie es aus! Der Wasserstrahl scheint besonders zu erfrischen.

3

4

Spiel & Spaß mit Welpen Check

- ✓ Nutzen Sie für Spiele Dinge aus dem Haushalt!
- ✓ Spielen Sie nach klaren Regeln!
- ✓ Vermeiden Sie bei Welpen Sprünge und scharfe Wendungen!
- ✓ Gestalten Sie die Spaziergänge mit Ihrem Welpen abwechslungsreich!
- ✓ Lasten Sie mit Spielen Ihren Welpen auch im Kopf aus!
- ✓ Verbessern Sie spielend die Bindung!

Im Gespräch über zwei ganz verschiedene „Welpenzeiten“

Peggy Schierenbeck ist Unternehmerin, dreifache Mutter und im letzten Jahr zum zweiten Mal „Hundemutter“ geworden. Iris Houghton ist ausgebildete Hundetrainerin und hat im letzten Jahr über Umwege einen Welpen aus zweiter Hand aufgenommen. Ein Gespräch, das zeigt, wie Welpen das Leben verändern.

Peggy Schierenbeck: Mein Mann und ich konnten und konnten uns nicht einig werden. Ein Schäferhund sollte es wegen seiner Größe nicht wieder sein, aber welche Rasse dann? Wir waren gerade mitten im Gespräch, als mein Blick zum Fenster hinauswanderte – und da schaute er mich an: ein wunderschöner Schnauzer. Ich recherchierte über die Rasse und ihre Eigenschaften im Internet und plötzlich waren wir uns alle einig. Wir fanden eine Züchterin und einige Zeit danach zog im zarten Alter von 10 Wochen Herr Schnauz, genannt „Schnauzi“, bei uns ein.

Iris Houghton: Tessa kam durch die Tierärztin zu uns. Es war wie eine Fügung – sie ist diejenige gewesen, die unsere sehr kranke Schäferhündin Emma eingeschläfert hatte, und nun baute sie uns die Brücke zu einem jungen Schäferhund, mit dem seine damalige Familie völlig überfordert war. Und so sah Tessa damals auch aus. Mit uns lebte bis vor Kurzem Rudy, ein Malamute-Rüde. Ich hatte solches Herzklopfen, als ich ihm Tessa vorstellte. Doch es hat gleich gepasst. Tessa wurde für Rudy zum Jungbrunnen in den letzten Monaten seines Lebens, das hätte ich nicht gedacht.

Peggy Schierenbeck: Schnauzi hat uns ganz schön überrascht mit seinem wahnsinnigen Temperament. Ich weiß noch, als wir nach fünf, sechs Tagen ganz verzweifelt Iris anriefen, weil er einfach keine Ruhe gegeben hat. Er hing an Teppichen, Kabeln und Schuhen und das bis spät in die Nacht. Seit dem Tag haben wir ihn an die Hundebox gewöhnt. Die hat uns gerettet. Inzwischen ist Schnauzi ausgeglichen, aber damals …

Iris Houghton: … Ja, damals habe ich euch erzählt, wie es geht. Und jetzt, wo ich seit Langem selbst wieder mit einem Junghund lebe, merke ich, was das für eine Herausforderung ist und wie klar man bei der Erziehung bleiben muss. Das fällt selbst mir, mit all meinem Hintergrundwissen und meiner Erfahrung, häufig schwer. Dazu kommt der Einfluss, den andere auf meinen Welpen haben – was sie Tessa erlauben und was Tessa bei ihnen darf. Das bringt mein ganzes Training durcheinander. Was ich zudem irgendwie vergessen hatte: Ein Welpe ist mit einem Spaziergang allein noch lange nicht zufrieden, er fragt gleich: „Und was machen wir jetzt?“ Auf der anderen Seite waren meine Ehrlichkeit und meine eigene Erfahrung immer genau das, was die Schüler meiner Hundeschule so schätzten. Selbst ein durchschnittlicher Hundebesitzer zu sein, mit allen Inkonsequenzen, das hat mich als Trainerin gerade ausgezeichnet. Frei nach dem Motto: „Tut, was ich sage, nicht, was ich tue!“ Noch etwas anderes passiert durch Tessa. Sie tut uns gut. Durch sie heilen die Wunden, denn Emma – und nun auch Rudy – fehlen uns sehr. Tessa ist Emma in vielem ähnlich und manchmal so gar nicht. Für meinen Mann John und mich ist es gut, wieder einen jungen Schäferhund im Haus zu haben.

Peggy Schierenbeck: Unser Leben hat eindeutig gewonnen durch Schnauzi. Er wird voll ins Familienleben einbezogen und ist für unsere Kinder wie ein Bruder, ähnlich wie in dem Film „Marley und ich“. An seinem ersten Geburtstag haben wir eine richtige Party gefeiert mit Singen, Hundekuchen und vielen Freunden der Kinder. Am Abend war Schnauzi völlig platt von so viel Aufmerksamkeit – und den wohlverdienten Extraportionen.

Iris Houghton: Worauf ich bei Tessa besonders achte und wirklich mein Wissen 100-prozentig anwende, ist, dass sie gut mit anderen Hunden klarkommt. Das war bei Emma und bei Rudy ein Problem. Tessa ist da völlig unkompliziert. Damit das so bleibt, passe ich auf, dass sie nur positive Hundebegegnungen erlebt oder nach Begeg-

nungen mit einem unfreundlichen Hund direkt eine positive Erfahrung folgt. Was ich allerdings wohl immer bedauern werde: Als sie zu uns kam, waren ihre ersten Entwicklungsfenster schon geschlossen. Nun müssen wir manches in kleinen Schritten nachholen, was damals kein Problem gewesen wäre. Auch in Sachen „locker an der Leine gehen" arbeite ich noch mit Tessa. Es ist zu verführerisch, sie hier bei uns auf dem Land einfach laufen zu lassen.

Peggy Schierenbeck: Bei uns war ein großes Thema die Stubenreinheit. Das hat gedauert. Da hat es mir gut getan, von anderen zu hören, dass ihre Welpen auch nicht sofort perfekt stubenrein waren. Man meint ja immer so schnell, man wäre wirklich der Einzige mit einem Problem. Mit ziemlich genau einem Jahr waren alle Schwierigkeiten dann vergessen. Da habe ich gefühlt: Jetzt gehören wir richtig zusammen – Schnauzi und wir.

Iris Houghton: Ja, nach dem ersten Jahr wird vieles leichter und ich weiß durch Tessa einmal mehr ganz sicher, dass ich nie ohne Hund sein will. Doch es gibt bei uns noch viel aufzuholen und an Kleinigkeiten zu arbeiten. Zum Beispiel liebt Tessa es, an Schnürsenkeln zu knabbern, wenn man am Tisch sitzt. Das geht gar nicht!

Welpen, Junghunde & andere Katastrophen

Hilfe, Pipi im Haus! > 114

Er bellt, er beißt, er tobt! > 116

Vorsicht: Schlechte Laune! > 120

Hilfe, Pipi im Haus!

1

1 Lucky ist wirklich noch sehr stürmisch – und stürmt auch gern aus dem Haus, um ganz flott Pipi zu machen.

2 Gut, wenn Stephan seinen Welpen dann schnell genug zu seinem Löseplatz bringen kann. Unterwegs ist das natürlich kein Problem. Und wie man sieht: Lucky braucht noch ein paar Wochen, bis er als Rüde sein Bein beim Pinkeln hebt. Das ist ganz normal!

Warum macht mein Welpe noch immer Pipi ins Haus?

Sie üben schon seit Wochen, seit Monaten und doch läuft es immer noch schief? Das geht nicht nur Ihnen so. Also, fangen Sie noch einmal ganz von vorn an und überprüfen Sie: Gehen Sie wirklich immer durch die gleiche Tür auf den gleichen Löseplatz? Belohnen Sie Ihren Hund nach dem erfolgreichen Geschäft draußen? Gehen Sie direkt nach dem Fressen, nach Aufregungen, Schlafen und Trinken mit Ihrem Welpen hinaus? Je mehr schiefgeht, desto länger dauert es, bis Ihr Welpe ganz stubenrein ist.

Mein Hund pinkelt oft ein paar Tropfen unter sich – warum?

Pinkelt ein Hund in zusammengekauerter Haltung unter sich, hat das mit Stress oder Angst und Unwohlsein zu tun und nicht mit Stubenreinheit. Darum: Helfen Sie Ihrem jungen Hund! Beobachten Sie die Situationen genau, in denen er unter sich pinkelt. Dann werden Sie erkennen, was Ihren Hund stresst oder Ihrem Hund Angst macht. Vielleicht fragen Sie in Ihrer Hundeschule oder holen einen erfahrenen Hundetrainer, der zu Ihnen nach Hause kommt und Ihnen hilft, den Hund zu entspannen.

Tipp Fragen Sie den Tierarzt!

> Manchmal dauert es etwas länger, bis Ihr Welpe körperlich in der Lage ist, verlässlich seine Blase zu steuern. Doch: Kommt es Ihnen seltsam vor, dann fragen Sie Ihren Tierarzt, ob vielleicht eine Erkrankung vorliegt!

Macht mein Welpe aus Protest ins Haus, wenn ich weg bin?

Nein, ganz bestimmt nicht. Solche racheähnlichen Gedanken haben Hunde gar nicht. Zum einen kann es sein, dass Sie Ihren Welpen mit der Dauer des Alleinbleibens noch überfordern – und damit vor allem seine Blase. Zum anderen kann es Hunde sehr aufregen, allein gelassen zu werden und von ihrem Menschenrudel getrennt zu sein. Versuchen Sie in nächster Zeit, Ihren Welpen so wenig und so kurz wie möglich allein zu lassen. Wenn es doch sein muss: Fragen Sie einen Nachbarn, die Freundin oder einen Hundesitter, ob er mit dem Hund zwischendurch nach draußen gehen kann. Und bauen Sie das Alleinbleiben neu auf, damit Ihr Hund in Zukunft ruhiger bleibt. (Schauen Sie doch in Kapitel 3 Seite 60 nach!)

Mein Junghund hebt das Bein – am Sofa!

Ganz ehrlich, mein Rüde hat als junger Hund sein Bein an einem Hosenbein gehoben. Gar nicht schön! Diese Art des Pipimachens ist weder ein Zeichen dafür, dass ein Hund noch nicht ganz stubenrein ist, noch dass er als „total dominanter Rüde" das Kommando übernehmen will. Ich sehe es als klassische Übersprungshandlung, die ein Hund aus Unsicherheit ausführt. Natürlich dürfen Sie das Pinkeln an Möbel oder überhaupt im Haus – bei allem Verständnis – nicht erlauben. Erwischen Sie Ihren Hund dabei, zischen Sie ihm sofort ein scharfes „Nein!" entgegen und bringen ihn nach draußen. Was genauso wichtig ist: Checken Sie die Situation und finden Sie heraus, was Ihren Hund stresst. Anschließend arbeiten Sie mit ihm daran, bei diesen Gelegenheiten gelassen zu bleiben. Lassen Sie sich ruhig von einem erfahrenen Hundetrainer unterstützen.

Er bellt, er beißt, er tobt!

Jetzt flippt er völlig aus!

Die meisten Welpen erwischen immer mal wieder die „verrückten 10 Minuten". Da fragt man sich, was aus dem süßen Vierbeiner geworden ist, den man so unwiderstehlich fand. Jetzt sind Sie echt genervt. Was Sie tun? Zum einen: Hat Ihr Welpe einen Energieüberschuss, weil er heute vielleicht noch recht wenig Programm und Auslauf hatte? Dann gehen Sie mit ihm nach draußen. Dabei lernt er gleich: Toben und Rennen finden draußen statt. Zum anderen: Hatte Ihr Welpe bereits ein volles (zu volles?) Programm heute, dann müssen Sie Ihrem Welpen helfen, zur Ruhe zu kommen. Dafür kann ich nur empfehlen, mit einer Hundebox zu arbeiten (siehe Seite 118). Für heute versuchen Sie selbst, ruhig zu bleiben. Vielleicht können Sie den Hund in den Flur oder das Bad bringen, Räume, in denen er nichts anstellen kann, und Sie schließen für einige Minuten die Tür zwischen sich und dem Welpen. Das klingt jetzt vielleicht hart und kalt, doch denken Sie an das Lernverhalten des Hundes. Ihr Welpe merkt auf diesem Wege deutlich, dass sein Ausflippen zu einem Misserfolg für ihn wird, und Sie können tief Luft holen, bevor Sie wirklich ärgerlich werden.

Wie kann ich das Bellen abstellen?

Bellen beim Türklingeln, Bellen am Zaun, Bellen im Auto, Bellen, wenn der Hund raus will oder Sie endlich den Ball werfen sollen. Wie reagieren Sie? Ganz unterschiedlich! Denn zuerst schauen Sie darauf, welchen Zweck Ihr Welpe mit dem Bellen verfolgt.

1

2

Aufforderndes Bellen „Mensch, ich will spielen!", „Mensch, mach doch die Tür auf!" können Sie abstellen, indem Sie es konsequent(!) ignorieren. Zwar wird es dadurch im ersten Moment stärker, denn der Hund gibt alles, um Sie zu etwas zu bringen. Dann lernt er, dass es gar nichts bringt. Sie reagieren wirklich erst, wenn Ihr Welpe ruhig ist. Halten Sie das unbedingt durch. Ich verspreche Ihnen, es bringt Ihnen für viele Jahre wunderbare Ruhe!

Das Bellen am Zaun und an der Tür – dafür üben Sie mit Ihrem Hund, welches andere Verhalten Sie sich von ihm wünschen. Zum Beispiel: Bitten Sie ein Familienmitglied, hinauszugehen und immer wieder zu klingeln. Sie selbst nehmen Ihren Welpen an die Leine und schicken ihn bei jedem Klingeln ins Körbchen. Legt er sich hin, belohnen Sie ihn. So lernt Ihr Hund: „Aha, sobald es klingelt, geht es mir in meinem Körbchen richtig gut."

Bellt Ihr Hund den Postboten an, wirkt ein bestimmtes Phänomen, denn Ihr Hund schlussfolgert so: Fremder kommt – ich belle – Fremder geht – Erfolg! Der Hund weiß ja nicht, dass es zum Job des Postboten gehört, gleich weiterzufahren. Nun kommt Ihr Einsatz. Gehen Sie mit Ihrem angeleinten Hund zu dem Postboten und lassen den Postboten dem Hund einige Leckerlis geben oder zuwerfen. Da Hunde nicht gleichzeitig entspannt futtern und aufgeregt bellen können, wird sich die Aufregung des Hundes legen und im Gegenteil: Die Ankunft des Postboten wird für ihn zu etwas Gutem.

Bellen im Auto – da hilft kein Meckern, denn jedes Wort von Ihnen wirkt für den Hund wie Mitbellen, das bestärkt ihn nur. Darum bleiben Sie ruhig. Bei den nächsten Fahrten zu zweit, setzt sich einer von Ihnen auf die Rückbank und belohnt den Hund im Kofferraum immer dann, wenn er ruhig bleibt. Bellt er, ignorieren Sie ihn. Im Auto ist es für die Sicherheit und für die Ruhe übrigens von Vorteil, wenn Ihr Hund in einer Hundebox mitfahren kann. Hier hat er seinen Platz und kann beruhigt den „Job" aufgeben, andere Hunde auf der Straße zu verbellen.

1 Ayla liebt es, am Zaun zu bellen. Vor ihrer Haustür ist auch wirklich viel los, denn Schulkinder gehen morgens und mittags vorbei. Was Kerstin dagegen tun kann? Kommentarlos ihren jungen Hund ins Haus bringen.

2 Choco hat sie noch immer im Blut: die verrückten 10 Minuten. Dann rast sie wie eine Wilde über die Wiese und vergisst alles um sich herum. Danach geht sie gern zum Schlafen in ihre Box.

3 Apropos Box: Im Auto gibt eine Hundebox Tessa Sicherheit, gerade auch in Unfall-Situationen. Zum anderen schenkt sie dem Schäferhund die Möglichkeit, zur Ruhe zu kommen und unterwegs in der Höhle zu schlafen – ohne Verbellen der Hunde auf der Straße.

3

Gewöhnung an die Hundebox!

> - ✓ Suchen Sie beim Kauf eine Box aus, in der Ihr später ausgewachsener Hund stehen und sich umdrehen kann. Ideal ist es aber, wenn Sie für den Welpen zunächst eine kleine Box haben.
> - ✓ Stellen Sie die Hundebox auf mit offener Tür und machen Sie zunächst nichts weiter. Ihr Hund soll diesen neuen Gegenstand erst mal sehen und vielleicht beschnüffeln.
> - ✓ Dann setzen Sie sich neben die Box und rufen Ihren Hund zu sich. Zeigen Sie ihm leckere Kleinigkeiten in Ihrer Hand und werfen Sie diese weit in die Box hinein.
> - ✓ Nutzen Sie bei argwöhnischen Welpen die Zeit vor dem Fressen.
> - ✓ Wagt der Welpe sich in die Box hinein, um an die Leckerlis zu kommen? Sehr gut. Loben Sie ihn. Die Tür bleibt weiterhin offen.
> - ✓ Wiederholen Sie dies, bis Sie merken, dass Ihr Welpe die Box akzeptiert. Dann schließen Sie die Tür ein wenig und stecken dem Hund dabei Leckerlis zu. Bleibt er entspannt? Dann schließen Sie die Tür ganz.
> - ✓ Wichtig: Leckerlis und (Kau-)Spielzeug bekommt der Hund beim Boxentraining ausschließlich IN der Box. IN der Box zu sein, soll dem Hund richtig gut schmecken.
> - ✓ Jetzt dehnen Sie langsam die Zeit aus, die Ihr Hund in der Box bleibt. Die Box dient niemals als stundenlanger Aufbewahrungsort, sondern als der Ort, an dem Ihr Welpe zur Ruhe kommt!

Wie viele Nächte wird er noch heulen?

Ehrlich, ich weiß es auch nicht. Aber ich weiß, er wird aufhören. Ganz bestimmt! Es hilft, dem Welpen eine Höhle zu bauen – mit einem Karton oder einer Hundebox und dort ein Handtuch hineinzulegen, das Sie vom Züchter mitgenommen haben. Oder Sie legen ein getragenes T-Shirt von sich hinein. Ich empfehle sehr, dass der Hund in Ihrer Nähe schläft. Später wird er prima allein z. B. im Flur schlafen können, wenn Sie ihn nicht im Schlafzimmer haben wollen. Sie verwöhnen ihn nicht zu sehr, wenn er anfangs bei Ihnen nächtigen darf.

Oh je, mein Hände sind schon ganz zerbissen!

So viele Leser fragen mich danach, ob es denn normal sei, dass Ihr Welpe so viel beiße und anknabbere, sie hätten schon ganz wunde Hände. Ich sage Ihnen: Ja, das ist wirklich normal. Die Früchte Ihrer Erziehung in Sachen Beißhemmung (also: laut quietschen, aua! rufen, wenn Ihr Hund Ihre Haut mit seinen Zähnen erwischt, und dann wegdrehen, Spiel abbrechen, aus dem Raum gehen) ernten Sie nach dem vollständigen Zahnwechsel. Bieten Sie besonders beißfreudigen Welpen Kauspielzeuge und Kauknochen an, und rollen Sie wertvolle Teppiche ein. Gerät Ihr Hund beißend außer Rand und Band, helfen Sie ihm, zur Ruhe zu kommen. Zum Beispiel: Schicken Sie ihn in seine Hundebox!

Vorsicht: Schlechte Laune!

Mein Hund knurrt mich an!

Machen Sie sich bewusst: Ihr Hund hat scharfe Zähne (auch nach dem Zahnwechsel) und einen kräftigen Kiefer. Er kann Menschen schwer verletzen – Sie und andere. Darum ist es so wichtig, dass Sie viel Zeit mit Ihrem Hund verbringen, mit ihm arbeiten, spielen, ihn richtig gut kennenlernen. So verstehen Sie sein Verhalten und sehen seine Reaktionen vorher. Mit einer guten Erziehung können Sie Ihren Hund unter Kontrolle bringen. Trotzdem kann es passieren, dass Ihr Hund instinktiv reagiert. Dabei sieht er meist nur zwei Möglichkeiten: Flucht oder Angriff. Drängen Sie ihn zum Beispiel unbeabsichtigt in eine Ecke, kann es zum Knurren und Beißen kommen.

2

1

Achten Sie auf Ihr Verhalten und nehmen Sie ein Knurren wirklich als Warnung an. Anschließend gehen Sie in Gedanken die Situation durch und arbeiten mit Ihrem Hund daran, dass Sie wieder entspannt zusammenleben können. Wirkt Ihr Hund auf Sie bedrohlich und Sie werden unsicher, wenden Sie sich unbedingt an eine Hundeschule oder einen Trainer!

Wie war das mit dem Schwanzwedeln?

Das Bewegen der Rute eines Hundes heißt keinesfalls, dass er sich freut. Achten Sie auf die Haltung des gesamten Körpers. Ein Hund „spricht" nämlich von der Gesichtsmimik bis zur Rutenspitze. Wedelt der Hund freudig, dann bleibt die Rute auf Rückenhöhe und bewegt sich schnell, der ganze Hund wirkt eher klein und locker. Wird die Rute von dem Hund allerdings nur langsam hin und her bewegt, macht er sich groß samt großer Augen mit starrem Blick und langsamen Bewegungen, dann ist hier schlechte Laune angesagt. Der Hund droht. Also: Hände weg!

Hund mit Schmerzen

Manchmal verändern Hunde plötzlich ihr Verhalten und Sie können sich gar nicht erklären, warum. Ihr Hund wirkt entweder sehr niedergeschlagen und matt oder ist plötzlich so aggressiv und angespannt. Beides kann daher kommen, dass Ihr Hund

1 Welpen wachsen oft zu ziemlich großen Hunden heran – wie Doggen oder dieser Deutsche Saupacker. Darum lernen Sie rechtzeitig, Ihren Hund durch und durch zu verstehen und seine Körpersprache zu lesen.

2 Choco spielt gerne – und erwischt dabei schon mal Linas Hände. Sie beißt nicht feste zu, aber trotzdem …

3 … bricht Lina in dem Moment das Spiel sofort ab und wartet, bis Choco wieder in der Lage ist, ruhig weiterzuspielen.

Schmerzen empfindet. Also: Beobachten Sie Ihren Hund genau und gehen Sie im Zweifel immer zum Tierarzt.

Ohren auf Durchzug: Pubertät

Gegen Ende des ersten Lebensjahres heben die meisten Rüden ihr Bein und Hündinnen werden zum ersten Mal läufig. Auch zu diesen Zeiten sind die Hunde oft so ganz anders. Suchen Sie jetzt das Gespräch mit anderen Hundehaltern und tauschen Sie Erfahrungen aus. Etwas später folgt die Phase der Pubertät, in der auch die bisher folgsamen Junghunde plötzlich alles vergessen zu haben scheinen und ihre Ohren auf Durchzug stellen. Innerhalb der etwa 8-wöchigen Pubertät sollten Sie konsequent bleiben und versuchen, das schlechte Benehmen Ihres Hundes nicht persönlich zu nehmen. Es geht vorbei! Haben Sie einen Rüden, dann machen Sie sich darauf gefasst, dass er sich bei anderen Rüden ausprobieren wird und sie provoziert. Passen Sie gut auf und greifen Sie rechtzeitig ein, um echte Kämpfe zu vermeiden. Natürlich muss Ihr Rüde seine Erfahrungen machen, doch nicht immer ist es gut, dass Hunde alles unter sich allein ausmachen. Folgen Sie da Ihrem Gespür! Eine Beiß-Erfahrung kann Ihren jungen Hund enorm verunsichern.

Mein Tipp: Nutzen Sie im Zweifel während der Pubertät eine lange Schleppleine, durch die Sie jederzeit eingreifen können.

Zum Weiterlesen und Weiterklicken

Bücher, die Spaß machen und weiterhelfen

Abrantes, Roger:
Hundeverhalten von A bis Z.
Einfach nachschlagen und sich in kurzen Absätzen schlau lesen – dieses Buch ist die bewährte Kommunikationshilfe für Hundefreunde weltweit.

Blenski, Christiane:
Hunde erziehen, ganz entspannt.
Motivierender Ratgeber zur Hundeerziehung mit positiver Bestärkung – knüpft nahtlos an jeden Welpenratgeber an. Mit witzigen Kolumnen zum Schmunzeln.

Blenski, Christiane:
Hundespiele.
Über 50 neue Spielideen für kleine und große Hunde, erdacht und erprobt von Christiane Blenski und ihrem Hund Jaden – macht Spaß und stärkt die Bindung.

Blenski, Christiane:
Hundesprache.
Lernen Sie alles über die Körpersprache Ihres Hundes – ein kurzweiliger Ratgeber samt Dolmetscher für die wichtigsten Verhaltensweisen des Hundes.

Blenski, Christiane:
Schüffelspiele für Hunde.
Hier geht's spielerisch immer der Nase nach zu mehr Abwechslung – der Ideengeber für alle, die als Schnüffelanfänger mit frischen Ideen einsteigen wollen.

Donaldson, Jean:
Hunde sind anders.
Der Klassiker für ein völlig neues Verständnis für das Zusammenleben mit Ihrem Hund. Ein Muss für jeden Hundefreund!

Feddersen-Petersen, Dorit:
Ausdrucksverhalten beim Hund.
Wissenschaftliches Hundewissen auf dem allerneuesten Stand für alle, die tiefer ins Thema Hundeverhalten eintauchen möchten.

Kopelman, Jay:
Lava und ich.
Eine aufwühlende, wahre Geschichte aus dem Irak-Krieg, in der die Rettung eines Welpen alles ändert.

von der Leyen, Katharina:
Dogs in the city.
Herrlich, wunderbar, klug, liebevoll – unterhaltsame, sehr gut geschriebene Geschichten aus dem Leben einer überzeugten Städterin – und mehrfachen Hundebesitzerin.

Pryor, Karen:
Positiv bestärken – sanft erziehen.
Die Tiertrainerin Karen Pryor stellt das Prinzip der Hunderziehung mit „Positiver Bestärkung" vor und zeigt, was man damit schaffen kann – auch beim Zweibeiner.

Winkler, Sabine:
So lernt mein Hund.
Viel sehr gut erklärte Theorie, die man in der Praxis perfekt nutzen kann, um mit dem Hund erfolgreich zu trainieren – jetzt in neuer, ergänzter Auflage.

Weiershausen, Anja:
Populäre Irrtümer über Hunde.
Von kalten Schnauzen, bunten Hunden und des Pudels Kern – der unterhaltsame Mix aus spannenden Informationen und amüsantem Lesestoff.

Zimek, Tatjana:
Filmstars auf vier Pfoten.
Das ideale Buch für alle, die wissen wollen, was ein Hund alles lernen kann – gibt Tipps, viele tolle Storys und Lebenserfahrung weiter und vor allem ganz viel Motivation. Lesen!

Nützliche Websites

www.hundeschule-im-kopf.de
– Die Homepage der Autorin Christiane Blenski.
www.spass-mit-hund.de
– Hundespiele, Tricks und Clicker-Training ausführlich erklärt.
www.dogdance.de
– Tipps, Wissen und beeindruckende Beispiele für einen spielerisch-anspruchsvollen Spaß mit Hund.
www.marleyundich-derfilm.de
– Die Internetseite eines Films mit Hund, den Christiane Blenski öfter gesehen hat als „damals" Dirty Dancing – klasse auch als Buch!
www.cairn-energie.de
– Der ultimative Newsletter über aktuelle Hundebücher.
www.vdh.de
– Homepage des Verbands für das Deutsche Hundewesen mit Rasselexikon, Züchteradressen und Not-Vermittlungen.

Nützliche Adressen

Verband für das Deutsche Hundewesen (VDH)
Geschäftsstelle
Westfalendamm 174
44141 Dortmund
Tel. +49 (0) 231-56 50 00
E-Mail: info@vdh.de
www.vdh.de

Österreichischer Kynologenverband (ÖKV)
Sigfried-Marcus-Str. 7
A–2362 Biedermannsdorf
Tel. +43 (0) 22 36 710 667
E-Mail: office@oekv.at
www.oekv.at

Schweizerischer Kynologische Gesellschaft (SKG)
Länggassstr. 8
CH–3012 Bern
Tel. +49 (0) 31 306 62 62
E-Mail: skg@hundeweb.org
www.hundeweb.org

Mein Dank:
Von Herzen danke ich allen Vier- und Zweibeinern, die dieses Buch mit mir zusammen möglich gemacht haben – allen voran meinem Aussie Jaden, der hellwach und fellreich mein Leben bereichert. Und: Ich widme dieses Buch meiner wunderbaren Mutter Waltraud Blenski, deren präziser Blick und lebendige Sprache mir von Kindesbeinen an das Handwerkszeug gegeben haben, um aus Worten mehr entstehen zu lassen. Ich liebe Dich, Christiane.

Register

Bildnachweis

Die Farbfotos wurden von Vivien Venzke / Kosmos extra für dieses Buch aufgenommen.

Weitere Farbfotos sind von:
Tatjana Drewka (9: vordere Innenklappe: 2. Bild von rechts, hintere Innenklappe: 2. und 3. Bild von rechts, S. 2u, 3u, 36o, 36u, 46u, 70u); Juniors Bildarchiv (21: Juniors Bildarchiv / Biosphoto / J.-L. Klein & M.-L. Hubert: S. 60li, 61; Juniors Bildarchiv / S. Born: S. 84o; Juniors Bildarchiv / B. Brinkmann: S. 59u, 59o, 85; Juniors Bildarchiv /D. M. ventures: S. 82; Juniors Bildarchiv / O. Giel: vordere Innenklappe unten rechts, S. 15, 47u; Juniors Bildarchiv /U. Schanz: S. 18, 58, 60re, 62, 128li; Juniors Bildarchiv / Chr. Steimer: S. 14, 47o, 84u); Picani-Bildagentur (9: vordere Außenklappe, S. 2o, 3o, 11, 37o, 91o, 92, 93, 122); Verena Scholze / Kosmos (2: S. 19o, 19u); Sabine Stuewer (10: S. 6u, 7, 8o, 8u, 24o, 28o, 32, 42, 66u); Sabine Stuewer / Kosmos (1: S. 65).

Impressum

Umschlaggestaltung von estudio Calamar unter Verwendung von Farbfotos von Picani-Bildagentur (Titelmotiv), Tatjana Drewka (U4 unten) und Vivien Venzke / Kosmos (U4 oben)

Mit 185 Farbfotos

Alle Angaben in diesem Buch erfolgen nach bestem Wissen und Gewissen. Sorgfalt bei der Umsetzung ist indes dennoch geboten. Der Verlag und die Autorin übernehmen keinerlei Haftung für Personen-, Sach- oder Vermögensschäden, die aus der Anwendung der vorgestellten Materialien und Methoden entstehen könnten.

Unser gesamtes lieferbares Programm und viele weitere Informationen zu unseren Büchern, Spielen, Experimentierkästen, DVD, Autoren und Aktivitäten finden Sie unter **www.kosmos.de**

ISBN 978-3-440-11227-4
Redaktion: Ute-Kristin Schmalfuss
Grundlayout: estudio Calamar
Gestaltung und Satz: Atelier Krohmer
Produktion: Eva Schmidt
Printed in Germany / Imprimé en Allemagne

FSC Mix
Produktgruppe aus vorbildlich bewirtschafteten Wäldern und anderen kontrollierten Herkünften
Product group from well-managed forests and other controlled sources
Zert.-Nr. SGS-COC-004238
www.fsc.org
© 1996 Forest Stewardship Council

KOSMOS.

Mensch und Hund als Team.

Christiane Blenski | **Hundesprache**
72 Seiten, 141 Farbfotos, €/D 6,95
ISBN 978-3-440-11141-3

Entspanntes Miteinander

Hunde sprechen nur selten mit der Stimme, sie drücken fast alles mit ihrem Körper aus: Sie wedeln mit der Rute, stellen das Fell auf, ziehen die Ohren ein oder legen einem anderen Hund die Pfote auf den Rücken. Was meinen Sie damit? Christiane Blenski erklärt Ihnen, was Ihr Vierbeiner Ihnen mitteilen möchte.

Christiane Blenski | **Hunde erziehen, ganz entspannt**
128 Seiten, 223 Abbildungen, €/D 14,95
ISBN 978-3-440-09950-6

Der Einsteigerkurs

Der Welpe ist da, der neue Hund abgeholt – was nun – was tun, was lassen? Alles, was Sie für das Erziehungstraining an Informationen und Step-by-Step-Erklärungen brauchen, finden Sie hier – und noch mehr: eine große Portion Humor und Motivation auf dem Weg zum schnellen Trainingserfolg.